U0234272
TURING
图灵教育
站在巨人的肩上
Standing on the Shoulders of Giants

TURING

图灵教育

站在巨人的肩上

Standing on the Shoulders of Giants

TURING 图灵程序设计丛书

Numsense! Data Science for the Layman: No Math Added

白话机器学习算法

[新加坡] 黄莉婷　苏川集　著

武传海　译

人民邮电出版社

北　京

图书在版编目（CIP）数据

白话机器学习算法 /（新加坡）黄莉婷，（新加坡）苏川集著 ; 武传海译. -- 北京 : 人民邮电出版社，2019.2（2020.4重印）
（图灵程序设计丛书）
ISBN 978-7-115-50664-1

Ⅰ. ①白… Ⅱ. ①黄… ②苏… ③武… Ⅲ. ①机器学习—算法 Ⅳ. ①TP181

中国版本图书馆CIP数据核字(2019)第020041号

内 容 提 要

与使用数学语言或计算机编程语言讲解算法的书不同，本书另辟蹊径，用通俗易懂的人类语言以及大量有趣的示例和插图讲解10多种前沿的机器学习算法。内容涵盖k均值聚类、主成分分析、关联规则、社会网络分析等无监督学习算法，以及回归分析、k最近邻、支持向量机、决策树、随机森林、神经网络等监督学习算法，并概述强化学习算法的思想。

任何对机器学习和数据科学怀有好奇心的人都可以通过本书构建知识体系。

◆ 著 [新加坡] 黄莉婷 苏川集
译 武传海
责任编辑 谢婷婷
责任印制 周昇亮

◆ 人民邮电出版社出版发行 北京市丰台区成寿寺路11号
邮编 100164 电子邮件 315@ptpress.com.cn
网址 http://www.ptpress.com.cn
北京虎彩文化传播有限公司印刷

◆ 开本：880×1230 1/32
印张：4
字数：139千字 2019年2月第1版
印数：4 501－4 900册 2020年4月北京第3次印刷

著作权合同登记号 图字：01-2018-3264号

定价：49.00元

读者服务热线：(010)51095183转600 印装质量热线：(010)81055316
反盗版热线：(010)81055315
广告经营许可证：京东工商广登字 20170147 号

版权声明

序

如今，大数据已经成为一大产业。随着数据逐渐主导我们的生活，“炼数成金”几乎成为每个机构都关注的焦点，各种模式识别和预测技术也成为提升业务能力的新手段。比如，商品推荐系统对消费者和商家都有好处，它会提醒消费者关注自己可能感兴趣的商品，同时也会帮助商家赚取更多的利润。

然而，大数据并非数据科学的全貌。数据科学是分析和利用数据的一门综合性学科，其范围涵盖机器学习、统计学和相关的数学分支。其中，机器学习占据首要位置，它是驱动模式识别和预测技术的主动力。机器学习算法是数据科学的力量之源，它和数据一起产生极其宝贵的知识，并且帮助我们以新的方式利用已有信息。

对于外行而言，要想理解数据科学如何推动当前的数据革命，就需要对这个领域有更好的认识。尽管现在对数据素养的需求很大，但是由于担心缺乏相关技能，一些人对数据科学领域敬而远之。

这正是莉婷和川集写作本书的缘由所在。我对两位作者的写作风格较为熟悉；在拜读本书之后，我发现这的确是专为外行写的数据科学书，两位作者特意省略了复杂的数学内容，从较高的层次讲解相关概念。但请不要误会，这并不意味着本书没有实质内容；相反，“干货”还不少，并且简洁精练。

你可能会问：本书采用的讲解方法有什么好处呢？实际上好处多多，并且对于外行来说，这种方法比普通的方法更可取。假设你对汽车的工作原理颇感兴趣，但是一窍不通，那么相比阅读深奥的燃烧学内容，你可能更容易接受对汽车零部件的概括性介绍。了解数据科学也是如此：如果你对这个领域颇感兴趣，那么在深入研究数学公式之前，先从宽泛的概念入手比较容易。

第 1 章通过短小的篇幅讲了数据科学的一些基本概念，让每一位想入门数据科学的读者都拥有相同的知识基础；接着阐述算法选择等常被入门类读物所忽略的重要概念，以此促使读者进一步了解数据科学领域，并为读者提供一个完整的学习框架。

两位作者本来可以在书中讲解各种数据科学概念，而且讲解方法也有很多。但是，他们特意把讲解重点放在了对数据科学极其重要的机器学习算法上，并辅以相应的任务场景，这真是明智之举。*k* 均值聚类、决策树、最近邻等算法得到了应有的重视。此外，两位作者还对高级的分类和集成算法（比如支持向量机，它常常因为复杂的数学问题而令人生畏）以及随机森林做了讲解。当然，书中还讲了神经网络，它是当前的深度学习热潮背后的驱动力。

本书的另一个优点是，每个算法的讲解都配有直观的示例，比如通过预测犯罪行为介绍随机森林，以及在分析影迷性格特征时讲聚类。这些示例都是作者精心挑选的，有助于理解相关算法。与此同时，讲解并没有涉及高等数学知识，这样做有利于保持你对数据科学的兴趣和学习动力。

如果你正打算学习数据科学或相关算法，并且正在寻求一个切入点，那么我强烈建议你阅读本书。在我看来，本书是无与伦比的数据科学入门读物。有了它，数学不再是数据科学之路上的拦路虎。

Matthew Mayo
数据科学家、KDnuggets 编辑

前　　言

本书由分别毕业于英国剑桥大学和美国斯坦福大学的数据科学爱好者黄莉婷和苏川集为你呈现。

我们发现，虽然数据科学被越来越多地用来改善决策，但是很多人对它知之甚少。鉴于此，我们把一些教程汇编成书，以便更多人学习。不管你是心怀抱负的学生，还是商业精英或其他什么人，只要你对数据科学充满好奇，都可以通过本书学习。

每篇教程介绍一种数据科学技术，并讲解其重要功能和基本思想，但内容不会涉及数学。此外，我们还将结合现实世界中的数据和实例对这些技术做具体阐释。

本书得到了不少朋友的帮助，没有他们，本书就无法面世。

首先，我们要感谢 Sonya Chan，她是本书英文版的文字编辑，也是我们的好朋友。她巧妙地把我们两人的写作风格融合在一起，确保将我们各自讲解的内容衔接得天衣无缝。

其次，感谢 Dora Tan，她是一位才华横溢的平面设计师，本书英文版的排版设计和封面设计都出自她之手。

感谢我们的朋友 Michelle Poh、Dennis Chew 和 Mark Ho，他们提出了许多宝贵的建议，使本书读起来更容易理解。

还要感谢密歇根大学安娜堡分校的 Long Nguyen 教授，以及斯坦福大学的 Percy Liang 教授和 Michal Kosinski 博士。他们耐心地培养我们，并且无私地分享自己的专业建议。

最后，我们还要感谢彼此。尽管有时会争吵，但我们仍然是好朋友。我们一起并肩作战，直至实现最初目标。

电子书

扫描如下二维码，即可购买本书电子版。

为何需要数据科学

假设你是年轻的医生。有位患者来到你的诊所，跟你抱怨说自己呼吸困难、胸部疼痛，并偶尔伴有胃灼热。于是，你给他检查血压和心率，发现一切正常，并且他没有其他病史。

然后，你发现他偏胖。由于他说的症状在体重超标的人群中普遍存在，因此你安慰他说，“不用担心，没什么大问题”，并且建议他抽空多锻炼身体。

上述诊断常常是误诊。心脏病患者与肥胖症患者表现出的症状相似，医生经常忽视这一点，而没有为患者做进一步检查。如果进一步检查，就可能查出更严重的疾病。

人类的判断力有一定的局限性，有限、主观的经验和不完备的知识都会影响它。这会破坏决策过程，那些缺乏经验的医生很可能就此放弃对患者做进一步检查，从而无法得到更准确的诊断结论。

在这种情况下，数据科学就能派上大用场。

数据科学技术不依赖于个人的判断力，它使得我们可以利用来自多个数据源的信息做出更好的决策。例如，可以查看记录着类似症状的病历，从中发现先前那些被忽视的诊断结果。

借助现代计算机和高级算法，我们能够做到以下几点。

- 从大型数据集中发现隐藏的趋势。
- 充分利用发现的趋势做预测。
- 计算每种结果出现的概率。
- 快速获取准确结果。

本书是数据科学及其算法的入门书，在讲解时采用了通俗易懂的语言。（不谈数学！）为了帮助你理解主要概念，本书采用了直观的解释方式，并且配有大量的插图。

每种算法各自成章，并且配有应用实例来解释其原理。书中用到的数据都可以从互联网上获得[①]。

每一章的最后都有小结，便于你复习这一章学过的内容。本书最后附有各种算法优缺点的比较，以及常用术语表，供你参考学习。

我们希望本书能够让你真正了解数据科学，并且帮助你正确地运用数据科学做出更好的决策。

让我们一道踏上数据科学之旅吧！

① 关于如何获得数据集，请访问图灵社区并点击页面右侧的“随书下载”：http://www.ituring.com.cn/book/2618。——编者注

目　　录

第 1 章 基础知识

要想完全搞明白数据科学算法，必须先从基础知识学起。本章主要介绍数据科学的基础知识，它是本书最长的一章，篇幅大概是后续各章（讲解各种具体算法）的两倍。通过学习本章，你将对绝大多数数据科学研究涉及的基本步骤有大致的了解。这些基本步骤会帮助你评估上下文以及约束条件，并选出适合在研究中使用的算法。

数据科学研究有 4 个主要步骤。首先，必须处理和准备待分析的数据。其次，根据研究需求挑选合适的算法。再次，对算法的参数进行调优，以便优化结果。最后，创建模型，并比较各个模型，从中选出最好的一个。

1.1 准备数据

数据科学就是关于数据的科学。如果数据的质量差，那么分析得再精确也只能得到平淡无奇的结果。本节将介绍数据分析中常用的数据格式，还会涉及一些用来改进结果的数据处理方法。

1.1.1 数据格式

在数据分析中，表格是最常用的数据表示形式，如表 1-1 所示。表格中的每一行就是一个**数据点**，代表一个观测结果；每一列是一个**变量**，用来描述数据点。变量也叫**属性**、**特征**或**维度**。

表 1-1 假设一些动物顾客去超市购物，以下是交易数据集。每一行代表一笔交易，每一列则描述交易的某一方面信息

变量（横向）；数据点（纵向）

交易编号	顾客类别	日期	水果购买量	是否买鱼	支出
1	企鹅	01/01	1	是	5.30美元
2	熊	01/01	4	是	9.70美元
3	兔子	01/01	6	否	6.50美元
4	马	01/02	6	否	5.50美元
5	企鹅	01/02	2	是	6.00美元
6	长颈鹿	01/03	5	否	4.80美元
7	兔子	01/03	8	否	7.60美元
8	猫	01/03	?	是	7.40美元

根据需求，可以更改每行观测的类型。例如，通过表 1-1 这种表示形式，我们可以借助大量交易来研究交易模式。但是，如果想根据日期研究交易模式，则需要以行为单位汇总每一日的数据。为了分析得更全面，可以另外再添加几个变量，比如天气等，如表 1-2 所示。

表 1-2 根据日期汇总后的交易数据集，并且另外添加了几个变量

变量

日期	销售额	顾客数	天气	是否为周末
01/01	21.50美元	3	晴	是
01/02	11.50美元	2	雨	否
01/03	19.80美元	3	晴	否

1.1.2 变量类型

变量主要有 4 类，正确区分它们对于为算法选择合适的变量至关重要。

- **二值变量**：这是最简单的变量类型，它只有两种可能的值。在表 1-1 中，“是否买鱼”就是二值变量。

- **分类变量**：当某信息可以取两个以上的值时，便可以使用分类变量来表示它。在表 1-1 中，“顾客类别”就是分类变量。
- **整型变量**：这种变量用来描述可以使用整数表示的信息。在表 1-1 中，“水果购买量”就是整型变量，它表示每位顾客所购水果的数量。
- **连续变量**：这是最精细的变量，用来表示小数。在表 1-1 中，“支出”就是连续变量，它表示每位顾客花费的金额。

1.1.3 变量选择

原始数据集可能包含许多变量。往一个算法中放入过多变量，可能导致计算速度变慢，或者因干扰过多而产生错误的预测结果。因此，需要从众多变量中筛选出那些与研究目标密切相关的变量，这个过程就是变量选择。

通常，变量选择是一个试错的过程，需要根据反馈结果不断更换变量。一开始，可以借助简单的图来研究变量之间的相关性（详见 6.5 节），选取那些最有希望的变量，以待进一步分析。

1.1.4 特征工程

有时候，需要做一些处理才能获得最佳变量。例如，如果要预测表 1-1 中的哪些动物顾客不会买鱼，可以通过查看“顾客类别”获知，兔子、马和长颈鹿不会买鱼。不过，如果以食草动物、杂食动物和食肉动物这 3 大类划分表中的动物顾客，将得到更广义的结论：食草动物不吃鱼。

除了对单个变量进行重新编码之外，还可以合并多个变量，这个技巧叫作**降维**，第 3 章将进行讲解。降维可以提取最有用的信息，从而获得更精简的变量集，以供进一步分析。

1.1.5 缺失数据

我们收集的数据并非总是完整的。比如，在表 1-1 的最后一笔交易中，水果购买量就没有被记录下来。数据缺失会妨碍分析，因此要尽可能地使用如下一些方法来解决数据缺失问题。

- **近似**：如果缺失值所属的类型为二值变量或分类变量，那么可以使用该变量的众数（即出现次数最多的那个值）来替换它。若缺失值属于整型变量或连续变量，则可以使用中位数来替换它。利用这个方法，可以将表 1-1 中的缺失值替换为 5，即猫购买了 5 个水果，因为其他 7 笔交易中水果购买量的中位数为 5。
- **计算**：对于缺失值，还可以使用更高级的监督学习算法（详见 1.2 节）将它计算出来。虽然计算更耗时，但是所得到的数值更准确，这是因为算法基于类似交易来估算缺失值，这一点与近似方法（考虑每一笔交易）有所不同。从表 1-1 可知，买鱼的顾客购买的水果往往比较少，因此推断猫购买的水果大约只有 2 个或 3 个。
- **移除**：万不得已时，可以把包含缺失值的整行数据移除。但是，尽量不要这样做，因为这会减少分析时可用的数据量。而且，移除数据点可能会导致数据样本倾向或偏离特定的群体。例如，猫可能不太愿意公开自己所购水果的数量，如果把未记录水果购买量的顾客移除，那么最终的样本就会丢失有关猫的数据。

处理完数据集之后，就该对数据集进行分析了。

1.2 选择算法

本书将讨论 10 多种用于分析数据的算法。如何选择算法，取决于任务类型。任务大致可以分为 3 大类，每一类对应一些算法，如表 1-3 所示。

表 1-3 各种算法及其对应的任务类型

	算法
无监督学习	k 均值聚类 主成分分析 关联规则 社会网络分析
监督学习	回归分析 k 最近邻 支持向量机 决策树 随机森林 神经网络
强化学习	多臂老虎机

1.2.1 无监督学习

任务目标：指出数据中隐藏的模式。

当希望找出数据集中隐藏的模式时，可以使用 k 均值聚类、主成分分析、关联规则、社会网络分析等无监督学习算法。之所以称之为无监督学习算法，是因为我们不知道要找的模式是什么，而是要依靠算法从数据集中发现模式。

以表 1-1 中的数据为例，可以应用无监督学习模型找出哪些商品是顾客经常搭配购买的（其中会用到第 4 章讲解的关联规则算法），或者根据购买的商品对顾客进行分类（第 2 章将进行讲解）。

通过间接手段，可以对无监督学习模型输出的结果进行验证，比如检查得到的顾客分类是否与我们熟悉的分类（如食草动物和食肉动物）相符合。

1.2.2 监督学习

任务目标：使用数据中的模式做预测。

当需要做预测时，就会用到回归分析、*k* 最近邻、支持向量机、决策树、随机森林、神经网络等监督学习算法。之所以称之为监督学习算法，是因为它们的预测都基于已有的模式。

以表 1-1 中的数据为例，监督学习模型可以根据“顾客类别”以及“是否买鱼”（二者皆为预测变量）来预测“水果购买量”。

通过输入非表中顾客的预测变量值（“顾客类别”和“是否买鱼”），并且对比预测结果和实际的“水果购买量”，可以直接评估监督学习模型的准确度。

像“水果购买量”这样的整型数值或连续数值的预测过程，实际上是在解决回归问题，如图 1-1a 所示。二元值或分类值的预测过程，如预测是否会下雨，则是在解决分类问题，如图 1-1b 所示。尽管如此，大部分分类算法也可以生成连续的概率值，比如预测“降水概率是75%”，这种预测精度更高。

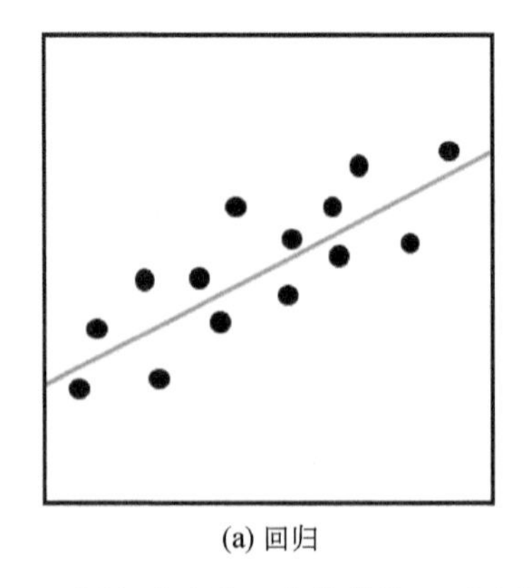

(a) 回归

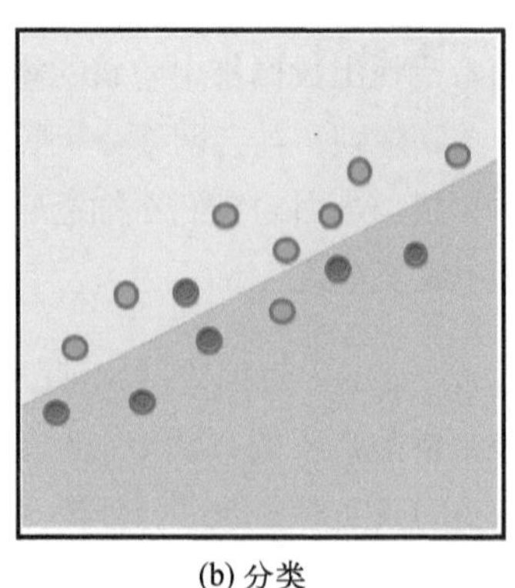

(b) 分类

图 1-1 回归会产生一条趋势线，而分类则会把数据点分组。请注意，这两项任务都可能出错：在回归过程中，某些数据点可能会远离趋势线；在分类过程中，某些数据点可能被错误地分组

1.2.3 强化学习

任务目标：使用数据中的模式做预测，并根据越来越多的反馈结果不断改进。

无监督学习模型和监督学习模型在部署之后便无法更改。不同于此，强化学习模型自身可以通过反馈结果不断改进。

暂且抛开表 1-1 中的动物顾客，让我们举一个实际的例子：假设要比较两个在线广告的效果。首先，让这两个广告的投放频率一样，然后确定每个广告的点击人数。接着，利用强化学习模型把点击人数作为衡量广告受欢迎程度的指标，并根据这个指标提高受欢迎广告的投放频率。通过这样的迭代过程，模型不断得到改进，最终会让广告投放取得更好的效果。

1.2.4 注意事项

除了要了解算法适用的任务类型之外，还要了解它们在其他方面的不同，比如各种算法对不同数据类型的分析能力，以及结果的本质。接下来的各章在介绍相应的算法时将具体讲解。此外，附录 A 和附录 B 将分别总结无监督学习算法和监督学习算法的特点。

1.3 参数调优

在数据科学中，可用的算法有很多。利用这些算法，可以得到很多不错的模型。然而，即便是同一个算法，如果参数调得不一样，所产生的结果也各不相同。

参数选项用来调节算法的设置，就像调节收音机的频道一样。不同的算法有不同的调节参数。附录 C 将列出本书所讲算法常用的调节参数。

毫无疑问，如果模型的参数调得不合适，它的准确度就会受影响。举例来说，同一个分类算法在区分橙点和蓝点时可能产生多个边界，如图 1-2 所示。

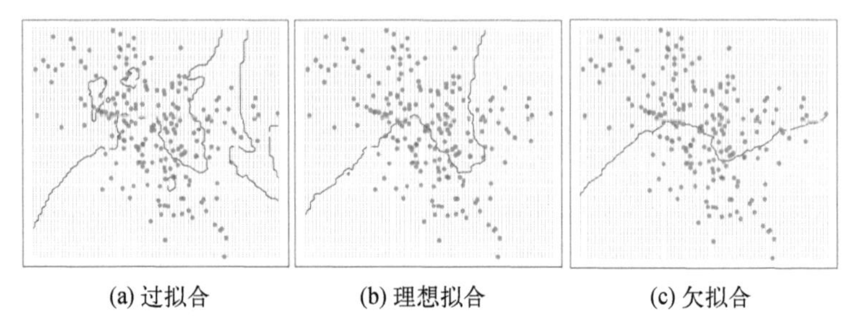

(a) 过拟合　　(b) 理想拟合　　(c) 欠拟合

图 1-2 比较同一个算法在不同参数作用下的预测结果

在图 1-2a 中，算法过度敏感，它把数据中的随机波动错误地当成持久模式，这就是常说的过拟合问题。过拟合模型对当前数据有着很高的预测准确度，但是对未知数据的预测准确度较差，也就是说，过拟合模型的泛化能力不强。

相反，在图 1-2c 中，算法过于愚钝，它忽视了数据中的基本模式，这就是欠拟合问题。欠拟合模型很可能会忽视数据中的重要趋势，这会导致模型对当前数据和未知数据的预测准确度下降。

如果参数调得恰好合适，算法就能在识别主要趋势和忽视微小变化之间找到平衡，使最终得到的模型非常适合做预测，如图 1-2b 所示。

对于大多数模型而言，过拟合是常见问题。为了最大限度地减少预测误差，可能会增加预测模型的复杂度，从而导致出现如图 1-2a 所示的结果，即预测边界过度复杂。

控制模型整体复杂度的一种方法是，通过正则化引入惩罚参数。这个新参数会通过人为增大预测误差，对模型复杂度的增加进行惩罚，从而使算法同时考虑复杂度和准确度。使模型保持简单有助于提高模型的泛化能力。

1.4 评价模型

建好模型之后，必须对它进行评价。我们经常会使用一些评价指标来比较模型的预测准确度。对于如何定义和惩罚不同类型的预测误差，不同的评价指标各不相同。

接下来，我们将探讨 3 种常用的评价指标：预测准确率、混淆矩阵和均方根误差。根据学习目标的要求，有时甚至会设计新的评价指标，以便针对特定类型的误差进行惩罚和规避。所以，本书讲解的评价指标并非面面俱到。有关评价指标的更多例子，请参考附录 D。

1.4.1 分类指标

关于**预测准确率**，最简单的定义就是正确的预测所占的比例。回到表 1-1 的例子，对买鱼与否的预测准确率，可以这样表述：*在预测某位顾客是否买鱼时，我们的模型在 90% 的时间里都是对的*。虽然预测准确率这个指标很容易理解，但我们无法通过它得知预测误差是如何产生的。

混淆矩阵可以让我们进一步了解预测模型的优缺点。

从表 1-4 可知，虽然模型的总体分类准确率是 90%，但相比于对顾客买鱼的预测，它对不买鱼的预测更准确。此外，假正类型和假负类型的预测错误一样多，分别有 5 个错误。

表 1-4 混淆矩阵揭示了模型在预测买鱼与否时的准确度

		预测结果	
		会买	不会买
实际结果	买	1（正例）	5（假负例）
	未买	5（假正例）	89（负例）

在某些情况下，分辨预测错误的类型至关重要。以地震预测为例，

假负类型的错误（即预测不会发生地震，实际上却发生了）所付出的代价要远高于假正类型的错误（即预测会发生地震，实际上却未发生）。

1.4.2 回归指标

由于回归预测使用连续值，因此误差一般被量化成预测值和实际值之差，惩罚随误差大小而不同。**均方根误差**是一个常用的回归指标，尤其可用于避免较大的误差：因为每个误差都取了平方，所以大误差就被放大了。这使得均方根误差对异常值极其敏感，对这些值的惩罚力度也更大。

1.4.3 验证

指标并不能完整地体现模型的性能。过拟合模型（有关内容请参考 1.3 节）在面对当前数据时表现良好，但是在面对新数据时可能表现得很糟糕。为了避免出现这种情况，必须使用合适的验证过程对模型进行评价。

验证是指评估模型对新数据的预测准确度。然而，在评估模型时，并不一定非要使用新数据，而是可以把当前的数据集划分成两部分：一部分是训练集，用来生成和调整预测模型；另一部分是测试集，用来充当新数据并评估模型的预测准确度。最好的模型，针对测试集所做的预测一定是最准确的。为了使验证过程行之有效，需要不带偏差地把数据点随机分派到训练集和测试集中。

然而，如果原始数据集很小，可能无法留出足够的数据来形成测试集，因为当用于训练模型的数据较少时，准确度无法得到保障。为了解决这个问题，有人提出了交叉验证这个方法：使用同一个数据集进行训练和测试。

交叉验证最大限度地利用了可用的数据，它把数据集划分成若干组，用来对模型进行反复测试。在单次迭代中，除了某一组以外，其他各组都被用来训练预测模型；然后，留下的那组被用来测试模型。这个过程重复进行，直到每一组都测试过模型，并且只测试过一次，如图 1-3 所示。

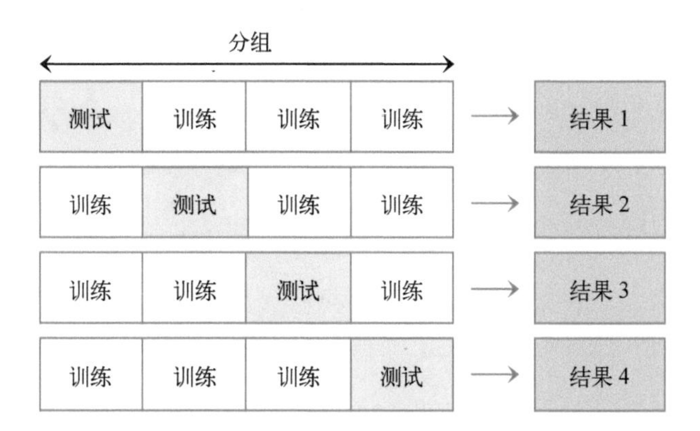

图 1-3 数据集的交叉验证过程。数据集被划分成 4 组，模型最终的预测准确度是 4 个结果的平均值

由于每次迭代用来做预测的数据各不相同，因此每次得到的预测结果都不同。综合考虑这些差异，就可以对模型的实际预测能力做出更为可靠的评估。对所有评估结果取平均值，即为预测准确度的最终评估值。

如果交叉验证结果表明模型的预测准确度较低，可以重新调整模型的参数或者重新处理数据。

1.5 小结

数据科学研究有 4 个关键步骤。

(1) 准备数据。
(2) 选择算法，为数据建立模型。
(3) 调整算法参数，优化模型。
(4) 根据准确度评价模型。

第2章
*k*均值聚类

2.1 找出顾客群

让我们聊聊电影喜好这个话题。如果一个人喜欢《初恋50次》这部电影，那么他或她很可能也喜欢类似的“女性电影”，比如《27套礼服》。这就是聚类的原理，即通过识别共同的喜好或特征，把顾客分组，以供零售商有针对性地投放广告。

然而，给顾客分组并非易事。我们可能一开始并不知道应该如何分组，也不知道应该分多少组。

*k*均值聚类可以帮我们回答这些问题。这个方法可以用来把顾客或产品分入不同的群组，其中*k*表示群组个数。

2.2 示例：影迷的性格特征

为了使用*k*均值聚类方法找出顾客群，需要可量化的顾客信息。一个常用的变量是收入，因为与低收入顾客群相比，高收入顾客群往往更喜欢购买名牌商品。这样一来，商家就可以利用这个信息向高收入顾客群投放奢侈品广告。

性格特征是另一个常用的变量。在一项针对Facebook用户的研究中，研究人员邀请用户参与问卷调查，以了解他们在4种性格特征上的得分：外向型（对社会交往的喜欢程度）、尽责型（工作努力程度）、情绪型（受压力影响的程度）以及开放型（对新事物的接受程度）。

初步分析表明，这些性格特征之间存在正相关关系。高度尽责的人往往更外向，高度情绪化的人则往往更开放。因此，为了更好地对这些性格特征进行可视化，将它们两两配对——外向型和尽责型、情绪型和开放型——并统计每对的得分，然后在二维图中标出。

接下来，把每个人的总得分与他或她在 Facebook 上点赞的电影页面进行匹配。这样一来，就可以通过不同的性格特征给影迷分组，如图 2-1 所示。

在图 2-1 中，可以看到两个主要群组。

- **红色**：外向又尽责的影迷，他们喜欢动作片和爱情片。
- **蓝色**：情绪化又开放的影迷，他们喜欢先锋艺术片和奇幻片。

除了这两个群组外，中间部分的电影好像是大家都喜欢的。

根据这些信息，可以对广告投放进行规划。如果一个人喜欢《初恋 50 次》，那么就可以向他或她推荐同一个群组中的其他电影，或者捆绑类似产品进行促销。

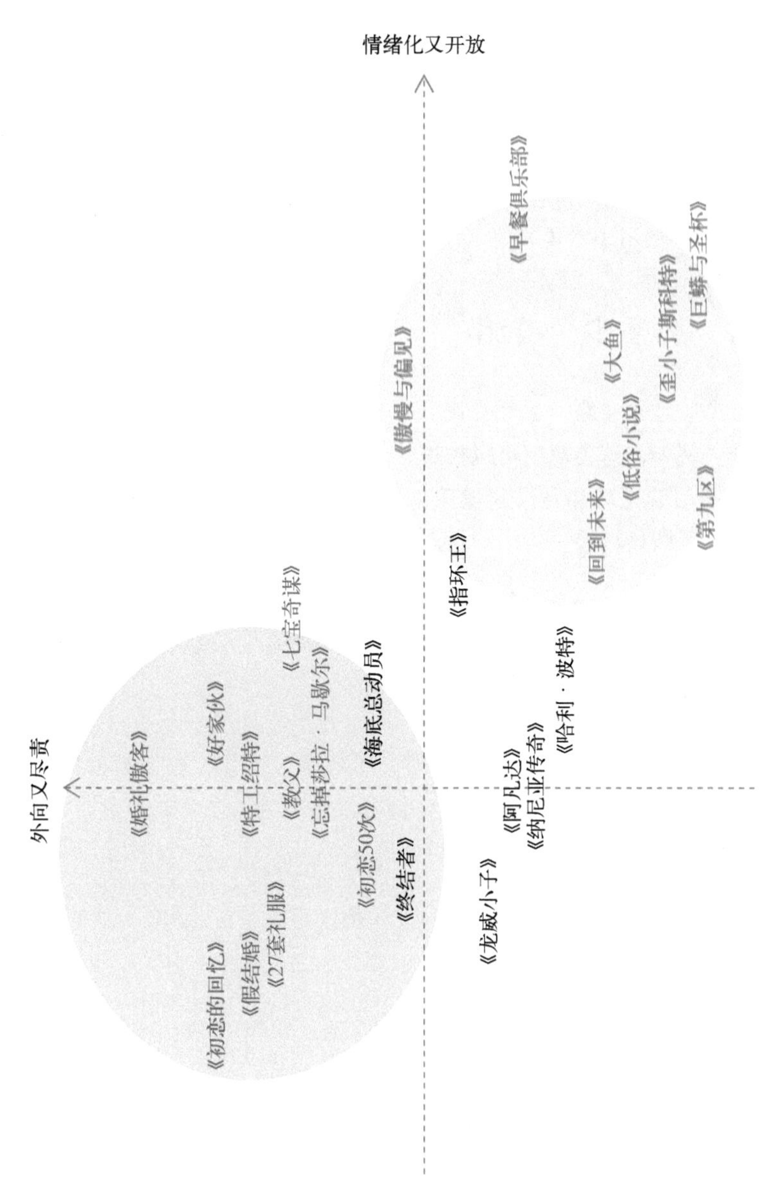
情绪化又开放
外向又尽责
《早餐俱乐部》
《巨蟒与圣杯》
《歪小子斯科特》
《大鱼》
《傲慢与偏见》
《低俗小说》
《回到未来》
《第九区》
《指环王》
《哈利·波特》
《七宝奇谋》
《海底总动员》
《忘掉莎拉·马歇尔》
《好家伙》
《婚礼傲客》
《特工绍特》
《教父》
《阿凡达》
《纳尼亚传奇》
《初恋50次》
《终结者》
《龙威小子》
《27套礼服》
《假结婚》
《初恋的回忆》

图 2-1　影迷的性格特征

2.3 定义群组

在定义群组时，必须回答两个问题。

- 有多少个群组？
- 每个群组中有谁？

2.3.1 有多少个群组

这个问题很主观。虽然在图 2-1 中有两个群组，但它们可以被进一步划分。例如，蓝色群组可以被进一步划分成两个子群组：故事片（包括《傲慢与偏见》和《早餐俱乐部》）和奇幻片（包括《巨蟒与圣杯》和《歪小子斯科特》）。

随着群组数量增加，每个群组中的成员彼此越来越相似，相邻群组之间的区别则越来越不明显。在极端情况下，每个数据点本身就是一个群组，但这种分组方式毫无意义。

显然，在决定群组数量时必须有所权衡。首先，群组数量要足够大，以便提取有意义的模式，用作商业决策参考；其次，还要足够小，能够确保各个群组之间有明显的区别。

要确定合适的群组数量，一种方法是使用**陡坡图**，如图 2-2 所示。

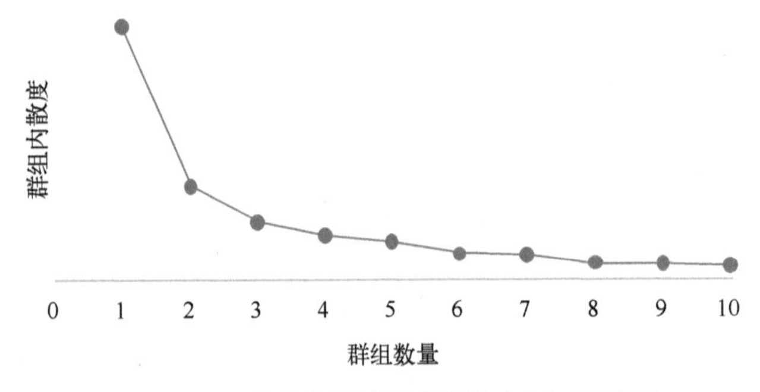

图 2-2 弯曲的陡坡图表明存在两三个群组

陡坡图可以展现*群组内散度*随群组数量增加而降低的过程。若所有成员都属于同一个群组，则群组内散度将达到最大值。随着群组数量增加，各个群组变得更紧凑，群组成员也变得更相似。

陡坡图曲线的拐弯处表示最佳群组数量，此处的群组内散度较为合理。从图 2-2 可以看到，当群组数量为 2 时，曲线拐弯，这两个群组对应于图 2-1 中的两个主要的电影群组。当群组数量为 3 时，曲线再次拐弯（尽管不如前一个明显），这意味着可以分出第 3 个群组，即普遍受欢迎的电影。但是，若继续增加群组数量，会导致群组变小，还会增大区分各个群组的难度。

确定好合适的群组数量之后，就该确定每个群组的成员了。

2.3.2 每个群组中有谁

群组成员是在迭代过程中确定的，下面以 2 个群组为例进行讲解，如图 2-3 所示。

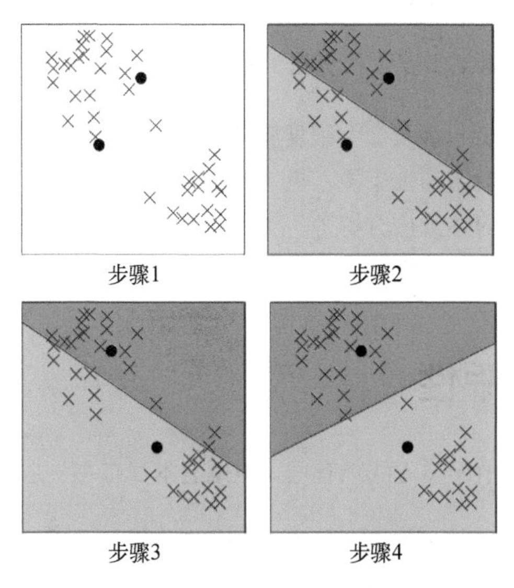

图 2-3 k 均值聚类方法的迭代过程

因为群组最好由密集的数据点组成，所以通过检查群组成员与群组中心点的距离，便可以判断该群组的有效性。不过，由于中心点的位置最初是未知的，因此只能先预估，然后把数据点分配给离它们最近的中心点。

接下来，不断调整中心点的位置，直至与真实的位置重合。而后，根据各数据点与中心点的距离，重新为每个数据点分配群组。如果某个数据点离原先所在群组的中心点较远，而离邻近群组的中心点较近，那就把它重新划入邻近的群组。

简单总结一下，为群组确定成员的过程包含如下步骤。不管群组数量有多少，这些步骤都适用。

步骤 1：首先猜测每个群组的中心点。因为暂时不能确定通过猜测得到的中心点是否正确，所以称它们为*伪中心点*。

步骤 2：把每个数据点分配给最近的伪中心点。这样一来，就得到了两个群组，即红色群组和蓝色群组，如图 2-3 所示。

步骤 3：根据群组成员的分布，调整伪中心点的位置。

步骤 4：重复步骤 2 和步骤 3，直至群组成员不再发生变化。

本例的分析只涉及 2 个维度。其实，聚类也可以在 3 个甚至更多的维度上进行。对于商家来说，更多的维度可能是顾客的年龄或到访的次数。虽然很难对多维度分析进行可视化，但是可以借助程序计算数据点和群组中心点在多维度情形下的距离。

2.4 局限性

尽管 *k* 均值聚类方法很有用，但是它本身存在一定的局限性。

- **每个数据点只能属于一个群组**。然而，数据点可能恰好位于两个群组中间，无法通过 *k* 均值聚类方法确定它应该属于哪个群组。

- **群组被假定是正圆形的。**查找距离某个群组中心点最近的数据点，这一迭代过程类似于缩小群组的半径，因此最终得到的群组在形状上类似于正圆形。假设群组的实际形状是椭圆形，那么在应用 k 均值聚类方法之后，位于椭圆两端的数据点可能会被划入邻近的群组，这会造成很大的问题。
- **群组被假定是离散的。**k 均值聚类既不允许群组重叠，也不允许它们相互嵌套。

除了 k 均值聚类之外，还有更可靠的聚类方法。这些聚类方法不会强制把每个数据点划入单个群组，而会计算每个数据点属于其他群组的概率，因此适合用来识别非圆形或有重叠的群组。

尽管 k 均值聚类存在上述局限性，但是它的优点是简单朴素。一个好的数据分析策略是，先用 k 均值聚类方法大致了解数据结构，再综合运用其他更高级的方法进行深入分析，这样做可以大大弥补 k 均值聚类方法的局限性。

2.5 小结

- k 均值聚类用于把相似的数据点划入同一个群组。群组数量 k 必须事先指定。
- 给数据点分组时，首先把各个数据点分配到距离最近的群组中，然后调整群组中心点的位置。重复这两个步骤，直到群组中的成员不再发生变化。
- k 均值聚类最适合用于正圆形、非重叠的群组。

第3章

主成分分析

3.1 食物的营养成分

很多人都听说过食物金字塔，如图 3-1 所示。对于营养师来说，区分食物的最佳依据是什么呢？是维生素含量，还是蛋白质含量？抑或是两者兼顾？

图 3-1 简单的食物金字塔

搞清楚最能区分各项数据的变量，有如下益处。

- **有助于可视化**：选取合适的变量绘图有助于获取更多信息。
- **有助于发现群组**：通过良好的可视化，可以发现隐藏的分类或群组。以食物为例，除了识别出肉类和蔬菜这两大类之外，还可以针对蔬菜划分出子类。

那么，如何找到最能区分各项数据的变量呢？

3.2 主成分

主成分分析用于找出最能区分数据点的变量。这种变量被称为主成分，数据点会沿着主成分的维度最大限度地分散开，如图 3-2 所示。

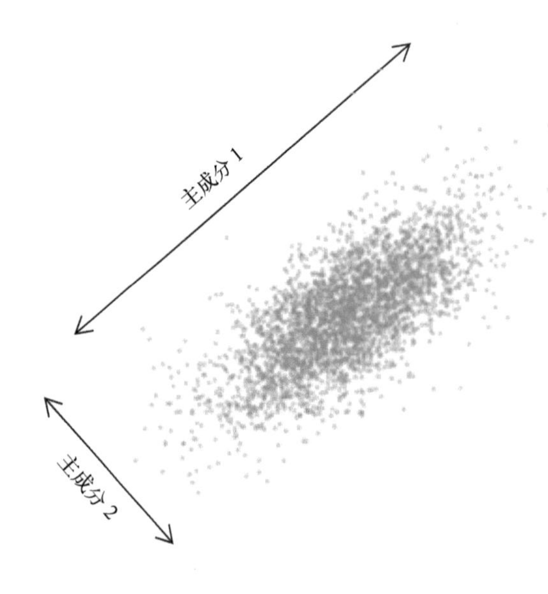

图 3-2 主成分的直观表示

主成分可以用已有的一个或多个变量表示。比如，可以使用“维生素 C”这个变量来区分不同的食物。因为蔬菜含维生素 C 而肉类普遍缺乏，所以可以通过“维生素 C”这个变量区分蔬菜和肉类（如图 3-3 左栏所示），但是无法进一步区分不同的肉类。

为了进一步区分不同的肉类，可以选择把脂肪含量作为第 2 个变量，因为肉类含有脂肪，而大部分蔬菜则不然。由于脂肪和维生素 C 的计量单位不同，因此在组合之前，必须先对它们进行标准化。

标准化类似于使用百分位数表示每个变量，以此将所有变量统一到一个标准尺度上。这样一来，就可以产生一个新变量：“维生素 C – 脂肪”。

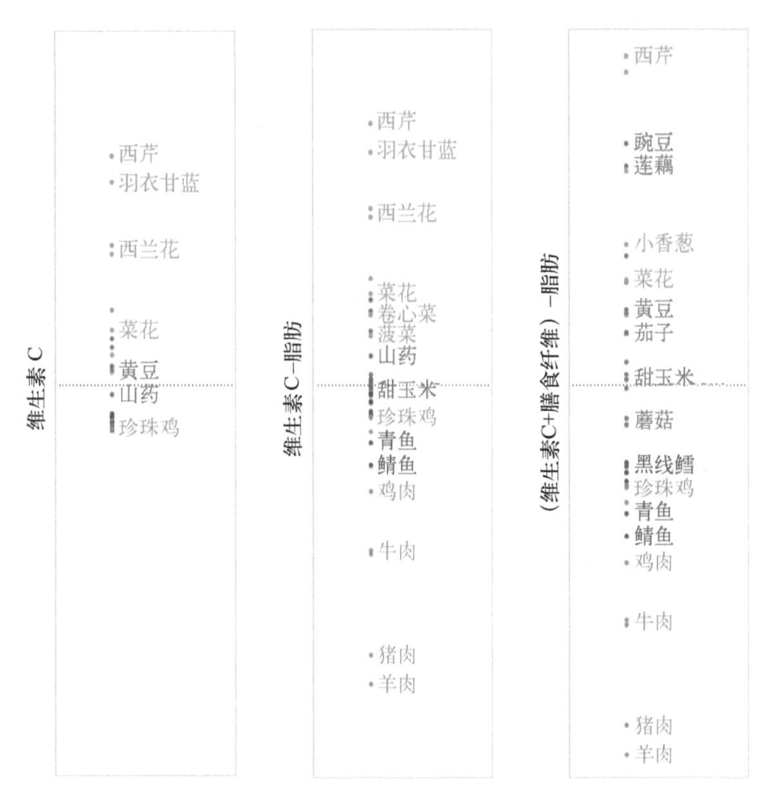

图 3-3 使用不同的变量组合对食物进行分类

在图 3-3 中，变量“维生素 C”把蔬菜向上展开，而负的“脂肪”可以把肉类向下展开。把这两个变量结合起来，就可以同时把蔬菜和肉类展开。

加入“膳食纤维”这个变量，可以进一步增强展开效果，因为不同蔬菜的膳食纤维含量不一样。

相比之下，新变量“(维生素 C + 膳食纤维) – 脂肪”展开数据的效果最好，如图 3-3 右栏所示。

虽然本例通过试错法得到主成分，但其实主成分分析可以更系统化，来看下一个例子。

3.3 示例：分析食物种类

借助美国农业部公开的数据，可以分析一个食物随机样本的营养成分，其中涉及 4 个变量："脂肪""蛋白质""膳食纤维"和"维生素 C"。从图 3-4 可以看到，某些营养成分似乎总是同时出现。

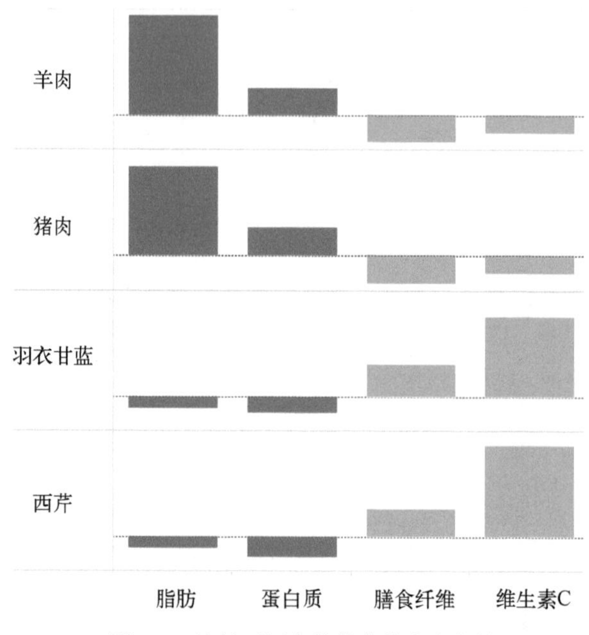

图 3-4 比较不同食物的营养成分含量

确切地说，脂肪含量和蛋白质含量的变化趋势是一致的，膳食纤维含量和维生素 C 含量的变化趋势也是一致的，但前后两组朝着相反的方向变化。为了证实这个猜想，可以检查营养成分变量之间是否存在联系（请参考 6.5 节）。的确，脂肪含量和蛋白质含量之间存在明显的正相关关系（相关系数为 0.56），膳食纤维含量和维生素 C 含量之间也存在同样的关系（相关系数为 0.57）。

这样看来，并不需要分别分析 4 个营养成分变量，只需把高度相关的变量组合起来，分析 2 个维度即可。正因如此，主成分分析被认为是一种降维技巧。

针对食物数据集应用主成分分析，可以得到如图 3-5 所示的主成分。

	主成分 1	主成分 2	主成分 3	主成分 4
脂肪	−0.45	0.66	0.58	0.18
蛋白质	−0.55	0.21	−0.46	−0.67
膳食纤维	0.55	0.19	0.43	−0.69
维生素 C	0.44	0.70	−0.52	0.22

图 3-5 主成分是营养成分变量的最优加权组合。同一个主成分下的粉色单元格代表加权方向一致的变量

每个主成分都是营养成分变量的加权组合，其中权重可正可负。例如，为了获得主成分 1 的值，可以做如下计算：

0.55(膳食纤维) + 0.44(维生素 C) – 0.45(脂肪) – 0.55(蛋白质)

采用主成分分析之后，可以不再通过试错法组合变量，而是通过精确计算各个变量的权重来获得最优变量组合。

请注意，主成分 1 体现了我们之前的猜想，即脂肪和蛋白质是一对，膳食纤维和维生素 C 是一对，并且这两对是负相关关系。

主成分 1 可以用于区分肉类和蔬菜，主成分 2 则可以用于在肉类（使用变量“脂肪”）和蔬菜（使用变量“维生素 C”）中进一步分出子类来。使用主成分 1 和主成分 2 绘图，可以得到目前为止最佳的数据展开效果，如图 3-6 所示。

图 3-6　使用两个主成分绘图

对于图中以蓝色表示的肉类来说，主成分 1 的值较小，所以它们集中分布在左侧，而以橙色表示的蔬菜则集中分布在右侧。还可以看到，海产品（深蓝色）的脂肪含量较低，即主成分 2 的值较小，因而主要分布在图的左下角。同理，几种非叶类蔬菜（深橙色）的维生素 C 含量较低，所以大都分布在图的右下角。

确定主成分数量

本例有 4 个主成分，这与数据集的原始变量个数一致。由于主成分来源于原始变量，因此用来区分数据点的可用信息会受到原始变量个数的制约。

然而，为了让结果更简单、更通用，应该只选择前几个主成分来进行可视化和后续分析。主成分按照其对数据点的区分效果进行排列，第 1 个主成分的区分效果最好。可以利用第 2 章讲过的陡坡图来确定合适的主成分数量。

从图 3-7 可以看出，随着个数增多，主成分区分数据点的效果会变差。根据经验，陡坡图曲线的拐弯处往往体现了最佳主成分数量。

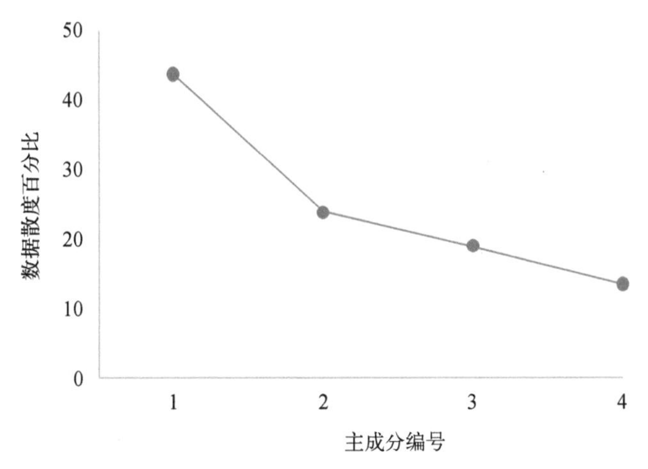

图 3-7 陡坡图曲线在主成分 2 处拐弯，这表示最佳主成分数量为 2

在图中，曲线在主成分 2 处拐弯。这意味着，尽管用更多的主成分可以更好地区分数据点，但是复杂度会升高，因此并不值得这样做。从陡坡图中可以看到，前两个主成分已经可以让数据的散度达到约 70%。在对当前的数据样本进行解释时，使用的主成分越少，泛化能力就越强。

3.4 局限性

在分析包含许多变量的数据集时，主成分分析很有用。但是，它本身存在一些缺点。

- **散度最大化**：主成分分析有个重要假设，即数据点最分散的维度是最有用的。然而，这个假设并不一定正确。一个常见的反例是计算薄饼的个数，如图 3-8 所示。在计算时，需要沿着垂直方向（即堆叠高度）把一张薄饼与另一张区分开。然而，如果堆叠高度比较低，主成分分析算法就会错误地认为水平方向（即薄饼直径）是完成这项任务的最佳主成分，这是因为水平方向上的散度是最大的。

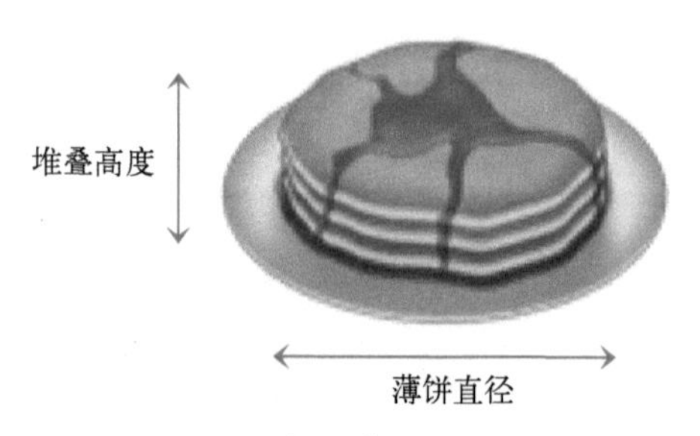

图 3-8 与数薄饼进行类比

- **解释成分**：主成分分析算法面临的一个重大难题是，必须对其产生的成分进行解释。但有时，可能很难解释变量按某种方式进行组合的原因。尽管如此，掌握相关领域的知识仍然很有用。在前面的例子中，了解有关食物种类的知识有助于理解主成分为何由那些营养成分变量组成。
- **正交成分**：主成分分析算法总是生成正交主成分，即成分之间存在正交关系。然而，这个假设可能不正确，因为信息维度之间可能不存在正交关系。为了解决这个问题，可以使用另一项技术，即独立成分分析。独立成分分析不需要其成分之间存在正交关系，但是禁止它们所包含的信息发生重叠（如图 3-9 所示）。这使得每个独立成分所揭示的与数据集有关的信息都是唯一的。除了不需要假设正交关系，独立成分分析在确定成分时还无须考虑数据的散度，因而不易出现薄饼例子中的错误。

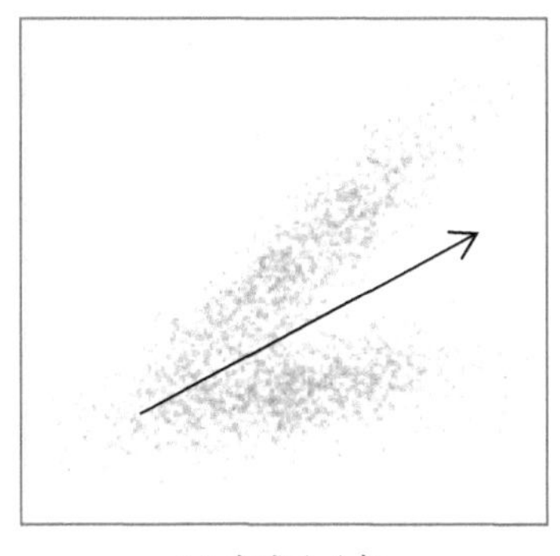

(a) 主成分分析

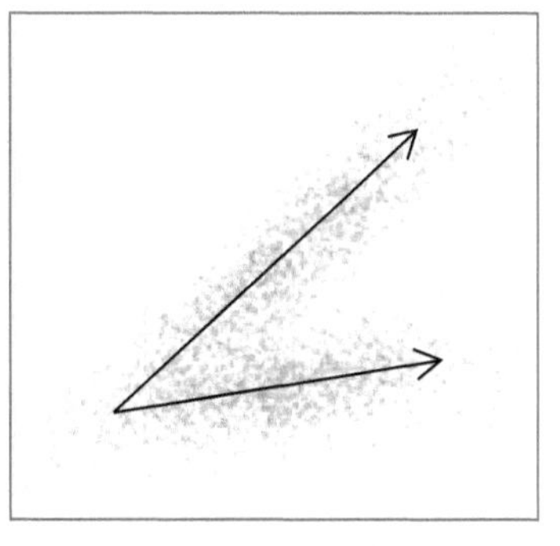

(b) 独立成分分析

图 3-9 在识别重要成分时，主成分分析与独立成分分析不同

虽然独立成分分析看起来很棒，但就降维来说，主成分分析仍然是最受欢迎的一个算法，了解其原理的确很有用。当没有把握时，你总是可以使用独立成分分析来验证主成分分析产生的结果，并做必要的补充。

3.5 小结

- 主成分分析是一种降维技巧，它使得我们可以使用较少的变量来描述数据，这些变量即为主成分。
- 每个主成分都是原始变量的某种加权组合。最好的主成分可以用来改进数据分析和可视化。
- 当信息最丰富的几个维度拥有最大的数据散度，并且彼此正交时，主成分分析能有最佳效果。

第4章 关联规则

4.1 发现购买模式

去杂货店购物时，你也许会随身带着一份购物清单，上面有你根据自己的需求和喜好列出的待购物品。家庭主妇可能会为晚餐购买健康食材，单身汉则可能会买啤酒和薯片。了解这些购买模式有助于找到多种促进销售的方法。例如，如果商品 X 和 Y 被顾客同时购买的频率很高，那么就可以做如下操作：

- 把购买商品 Y 的顾客视为商品 X 的广告宣传对象；
- 把商品 X 和 Y 摆放在同一个货架上，以刺激购买其中一款商品的顾客同时购买另一款商品；
- 把商品 X 和 Y 合并成一款新商品，比如具有 Y 口味的 X。

关联规则可用于揭示商品之间的关联信息，从而增加销售利润。不仅如此，关联规则还可以用于其他领域。比如，在医疗诊断中，了解共病症状有助于改善治疗效果。

4.2 支持度、置信度和提升度

识别关联规则的常用指标有 3 个：支持度、置信度和提升度。

支持度指某个项集出现的频率，也就是包含该项集的交易数与总交易数的比例（如图 4-1 所示）。在表 4-1 中，{ 苹果 } 在 8 次交易中出现了 4 次，所以其支持度为 50%。一个项集也可以包含多项，比如 { 苹果，啤酒，米饭 } 的支持度为 2/8，即 25%。可以人为设定一个支持度阈值，当某个项集的支持度高于这个阈值时，我们就把它称为频繁项集。

支持度 { } = $\frac{4}{8}$

图 4-1 支持度指标

表 4-1 交易示例

交易	项
交易 1	
交易 2	
交易 3	
交易 4	
交易 5	
交易 6	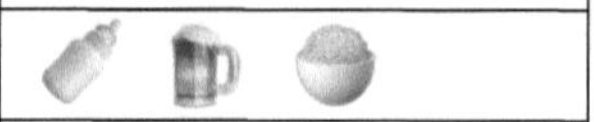
交易 7	
交易 8	

置信度表示当 X 项出现时 Y 项同时出现的频率，记作 {X → Y}。换言之，置信度指同时包含 X 项和 Y 项的交易数与包含 X 项的交易数之比（如图 4-2 所示）。在表 4-1 中，{ 苹果→啤酒 } 的置信度为 3/4，即 75%。

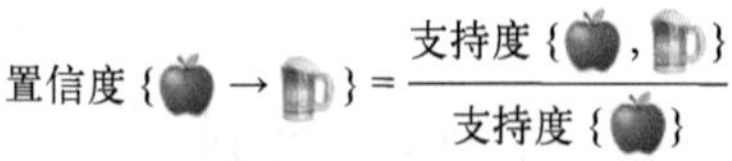

置信度 { → } = $\frac{支持度\{\ ,\ \}}{支持度\{\ \}}$

图 4-2 置信度指标

这个指标有一个缺点，那就是它可能会错估某个关联规则的重要性。图 4-2 中的例子只考虑了苹果的购买频率，而并未考虑啤酒的购买频率。如果啤酒也很受欢迎（正如表 4-1 所示），那么包含苹果的交易显然很有可能也包含啤酒，这会抬高置信度指标。然而，借助第 3 个指标，我们可以同时把苹果和啤酒出现的基础频率考虑在内。

提升度指 X 项和 Y 项一同出现的频率，但同时要考虑这两项各自出现的频率（如图 4-3 所示）。

因此，{ 苹果→啤酒 } 的提升度等于 { 苹果→啤酒 } 的置信度除以 { 啤酒 } 的支持度。

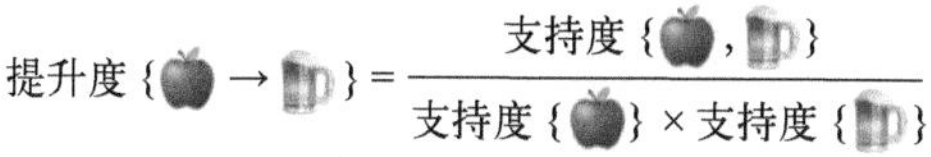

提升度 {🍎 → 🍺} = 支持度 {🍎, 🍺} / (支持度 {🍎} × 支持度 {🍺})

图 4-3 提升度指标

根据表 4-1，{ 苹果→啤酒 } 的提升度等于 1，这表示苹果和啤酒无关联。{X → Y} 的提升度大于 1，这表示如果顾客购买了商品 X，那么可能也会购买商品 Y；而提升度小于 1 则表示如果顾客购买了商品 X，那么不太可能再购买商品 Y。

4.3 示例：分析杂货店的销售数据

为了演示上述指标的用法，下面将对某个杂货店一个月（30 天）的销售数据进行分析。图 4-4 展示了多对杂货之间的关联关系，它们的置信度和提升度分别大于 0.9% 和 2.3。圆越大，支持度越高；颜色越红，则提升度越高。

从图 4-4 中可以观察到如下几种购买模式：

- 购买次数最多的是仁果和热带水果；
- 其次是洋葱和蔬菜；
- 购买奶酪片的顾客很可能会买香肠；
- 购买茶叶的顾客很可能会买热带水果。

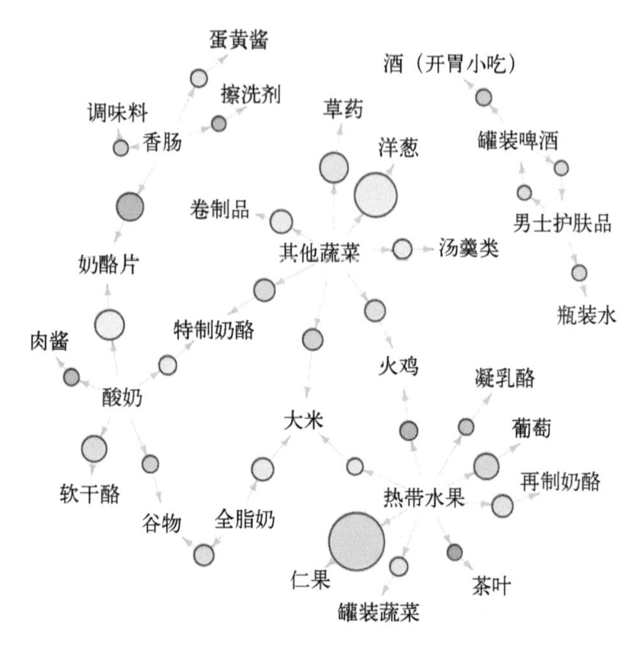

图 4-4 杂货关联网络图

前面提到，置信度指标的一个缺点是，它可能会错估某个关联规则的重要性。为了证明这一点，下面来看看 3 个包含啤酒的关联规则，如表 4-2 所示。

表 4-2 与啤酒相关的 3 个关联规则

关联规则	支持度	置信度	提升度
啤酒 → 汽水	1.38%	17.8%	1.0
啤酒 → 浆果	0.08%	1.0%	0.3
啤酒 → 男士护肤品	0.09%	1.2%	2.6

在表 4-2 中，{ 啤酒→汽水 } 规则的置信度最高，为 17.8%。然而，在所有交易中，二者出现的频率都很高（如表 4-3 所示），所以它们之间的关联可能只是巧合。这一点可以通过其提升度为 1 得到印证，即购买啤酒和购买汽水这两个行为之间并不存在关联。

表 4-3 各商品在与啤酒相关的关联规则中的支持度

商品	支持度
啤酒	7.77%
汽水	17.44%
浆果	3.32%
男士护肤品	0.46%

另一方面，{ 啤酒→男士护肤品 } 规则的置信度低，这是因为男士护肤品的总购买量不大。尽管如此，如果一位顾客买了啤酒，那么很有可能也会买男士护肤品，这一点可以从较高的提升度（2.6）推断出来。{ 啤酒→浆果 } 的情况则恰好相反。从提升度小于 1 这一点，我们可以得出结论：如果一位顾客购买了啤酒，那么可能不会买浆果。

虽然很容易算出各个商品组合的销售频率，但是商家往往更感兴趣的是所有的热销商品组合。为此，需要先为每种可能的商品组合计算支持度，然后找到支持度高于指定阈值的商品组合。

即使只有 10 种商品，待检查的总组合数也将高达 1023（即 $2^{10}-1$）。如果有几百种商品，那么这个数字将呈指数增长。显然，我们需要一种更高效的方法。

4.4 先验原则

要想减少需要考虑的项集组合的个数，一种方法是利用*先验原则*。简单地说，先验原则是指，如果某个项集出现得不频繁，那么包含它的任何更大的项集必定也出现得不频繁。这就是说，如果 { 啤酒 } 是非频繁项集，那么 { 啤酒，比萨 } 也必定是非频繁项集。因此，在整理频繁项集列表时，既不需要考虑 { 啤酒，比萨 }，也不需要考虑其他任何包含啤酒的项集。

4.4.1 寻找具有高支持度的项集

遵循如下步骤，可以利用先验原则得到频繁项集列表。

步骤 1：列出只包含一个元素的项集，比如 { 苹果 } 和 { 梨 }。

步骤 2：计算每个项集的支持度，保留那些满足最小支持度阈值条件的项集，淘汰不满足的项集。

步骤 3：向候选项集中增加一个元素，并利用在步骤 2 中保留下来的项集产生所有可能的组合。

步骤 4：重复步骤 2 和步骤 3，为越来越大的项集确定支持度，直到没有待检查的新项集。

图 4-5 描绘了利用先验原则对候选项集进行大幅精简的过程。如果 { 苹果 } 的支持度很低，那么它及其他所有包含它的候选项集都会被移除。这样一来，待检查项集的数量就减少了一大半。

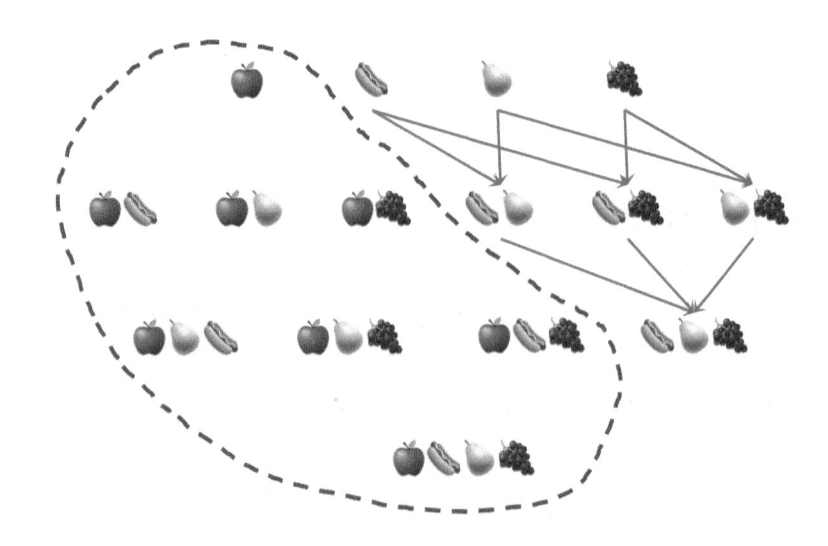

图 4-5 红色虚线框内的项集会被移除

4.4.2 寻找具有高置信度或高提升度的关联规则

除了识别具有高支持度的项集之外，先验原则还能识别具有高置信度或高提升度的关联规则。一旦识别出具有高支持度的项集，寻找关联规则就不会那么费劲了，这是因为置信度和提升度都是基于支持度计算出来的。

举个例子，假设我们的任务是找到具有高置信度的关联规则。如果{啤酒，薯片→苹果}规则的置信度很低，那么所有包含相同元素并且箭头右侧有苹果的规则都有很低的置信度，包括{啤酒→苹果，薯片}和{薯片→苹果，啤酒}。如前所述，根据先验原则，这些置信度较低的规则会被移除。这样一来，待检查的候选规则就更少了。

4.5 局限性

计算成本高：尽管利用先验原则可以减少候选项集的个数，但是当库存量很大或者支持度阈值很低时，候选项集仍然会很多。一个解决办法是，使用高级数据结构对候选项集进行更高效的分类，从而减少比较的次数。

假关联：当元素的数量很大时，偶尔会出现假关联。为了确保所发现的关联规则具有普遍性，应该对它们进行验证（详见 1.4.3 节）。

尽管有上述局限性，但在从中等规模的数据集中识别模式时，关联规则仍然是一个很直观的方法。

4.6 小结

- 关联规则用于揭示某一个元素出现的频率，以及它与其他元素的关系。

- 识别关联规则的常用指标有 3 个：

  (1) {X} 的支持度表示 X 项出现的频率；

  (2) {X → Y} 的置信度表示当 X 项出现时 Y 项同时出现的频率；

  (3) {X → Y} 的提升度表示 X 项和 Y 项一同出现的频率，并且考虑每项各自出现的频率。

- 利用先验原则，可以淘汰一大部分非频繁项集，从而大大地加快搜索频繁项集的速度。

第5章
社会网络分析

5.1 展现人际关系

大部分人都有多个社交圈，其中有亲戚、同事和同学等。为了探究人际关系，比如找出重要人物及其对群体的影响，可以运用*社会网络分析*。这项技术前景广阔，可以应用于多个领域，比如病毒式营销、传染病建模，以及团体竞赛策略等。尽管如此，最著名的用例莫过于社会网络分析，这正是其名称的由来。图 5-1 描绘了如何在社会网络分析中表示人际关系。

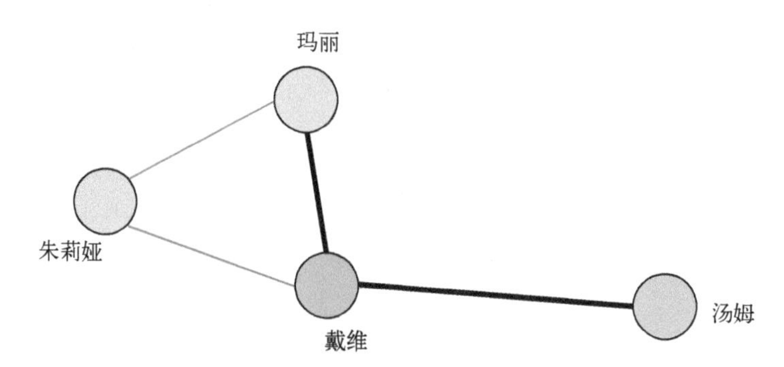

图 5-1　简单的朋友圈示例，连线越粗，关系越亲密

图 5-1 展示了一个关系网络，亦称*关系图*。该关系图由 4 人组成，每个人代表一个*节点*。各个节点之间的连线表示关系，这些连线也被称为边。每条边都可带*权重*，用于表示相应关系的强弱。

从图 5-1 可知：

- 戴维的人脉最好，他与另外 3 人都认识；
- 汤姆只认识戴维，并且他们是好朋友；
- 朱莉娅认识玛丽和戴维，但关系一般。

除了人际关系之外，社会网络分析还可以用来为其他实体构建网络，前提是这些实体之间彼此有联系。本章将利用这项技术分析国际贸易网络。

5.2 示例：国际贸易

本例只考虑贸易额超过 1 亿美元的交易。根据 2006~2015 年某商品的贸易额，我们构建了一个交易网络，其中包含 90 个节点和 293 条边。

在对这个网络进行可视化时，需要用到*力导向算法*：不存在联系的节点彼此排斥，存在联系的节点则彼此吸引，吸引力的强弱取决于联系的紧密程度。比如，贸易额大的国家之间的连线较粗，并且相距很近。

借助 Louvain 方法（下一节讲解）分析该网络，可以得到 3 个群组。

- **蓝色群组**：这是最大的群组，群组成员包括美国、英国和以色列。
- **黄色群组**：群组成员多为欧洲国家；该群组和蓝色群组有紧密关系。
- **红色群组**：这个群组与其他两个群组分离，其成员主要包括亚洲和非洲的国家。

除了把各个国家分入不同的群组之外，还可以使用 PageRank 算法（稍后讲解）对各个国家进行影响力排名。图 5-3 列出了在该网络中最具影响力的前 10 个国家，结果与图 5-2 中的节点大小相符。

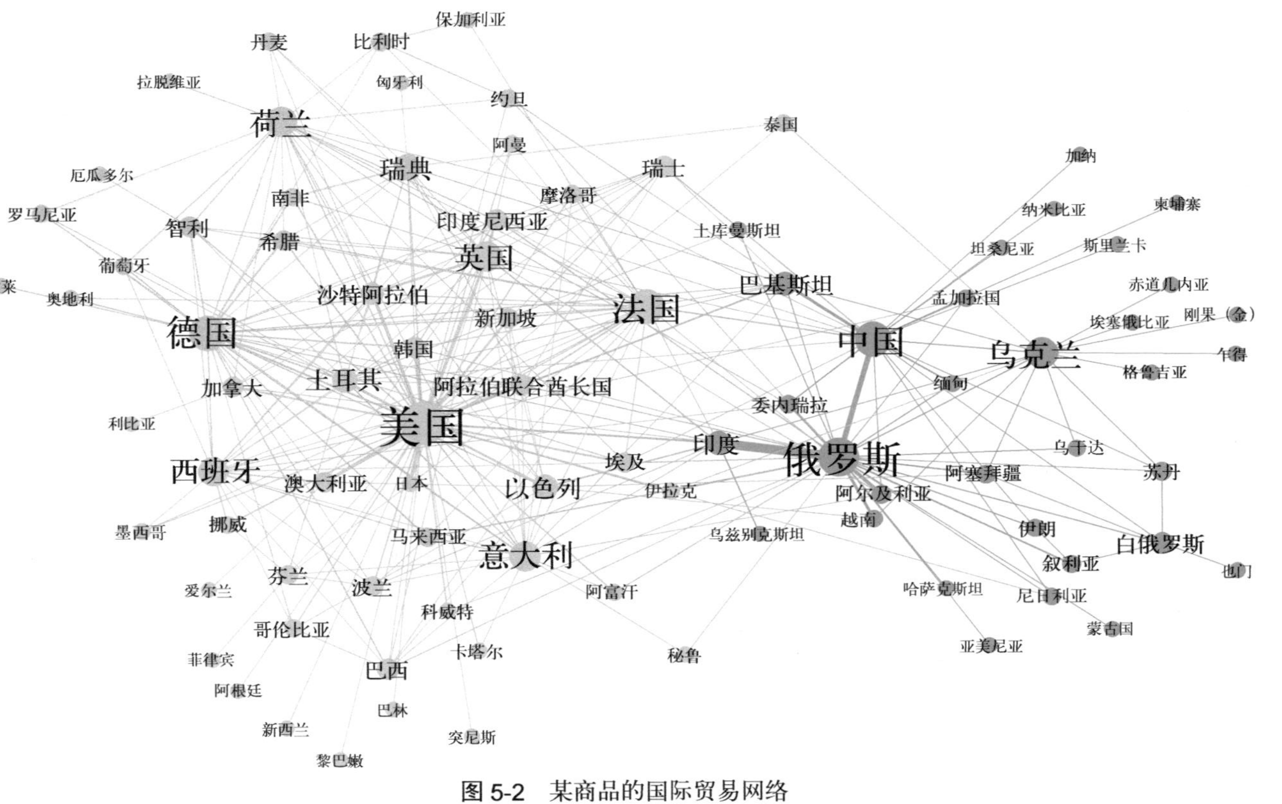

图 5-2 某商品的国际贸易网络

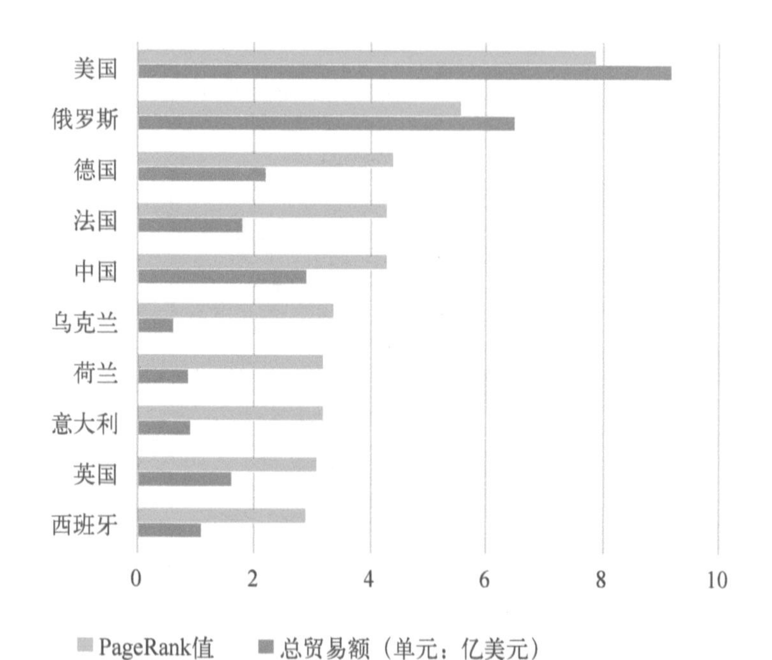

图 5-3 根据 PageRank 算法，得到在本例中最具影响力的 10 个国家。每个国家的 PageRank 值（黄色）和其总贸易额（灰色）并排显示

接下来详细了解 Louvain 方法和 PageRank 算法。

5.3 Louvain 方法

如图 5-2 所示，通过对节点分组，可以找出网络中存在的群组。研究这些群组有助于理解网络各个部分的区别及联系。

Louvain 方法用来在网络中找出群组，它会尝试使用不同的聚类配置来做如下两件事：

(1) 把同一个群组中各个节点间的边数和强度最大化；

(2) 把属于不同群组的节点间的边数和强度最小化。

模块度用于表示上述两件事的完成程度。模块度越高，群组越理想。

为了获得理想的聚类配置，Louvain 方法会不断迭代，步骤如下。

步骤 1：把每个节点看作一个群组，即一开始群组数和节点数相同。

步骤 2：把一个节点重新分配给对提高模块度有最大帮助的群组；如果无法进一步提高模块度，节点保持不动；针对每个节点重复这个过程，直到不能再分配。

步骤 3：把步骤 2 中发现的每个群组作为一个节点，构建出一个粗粒度网络，并且把以前的群间边合并成连接新节点且带权重的边。

步骤 4：重复步骤 2 和步骤 3，直到无法再重新分配和合并。

Louvain 方法以这样的方式帮助我们找出更多重要的群组：先发现小群组，然后在适当的情况下合并它们。Louvain 方法简单、高效，这使它成为流行的网络聚类方法。但是，它本身有一定的局限性。

- **重要但较小的群组可能会被合并**。反复合并群组有可能使那些重要但较小的群组被忽略。为了防止出现这种情况，需要检查在中间迭代阶段被发现的群组，如果有必要，就把它们保留下来。
- **有多种可能的聚类配置**。如果网络中包含重叠或嵌套的群组，很难利用 Louvain 方法找出最理想的聚类解决方案。尽管如此，当存在几种拥有较高模块度的解决方案时，可以依据其他信息源对群组予以验证。

5.4 PageRank 算法

虽然群组可以反映出相互作用高度集中的区域，但是这些相互作用可能受占主导地位的节点支配，群组则围绕着这些主导节点形成。为了找出占主导地位的节点，需要对节点进行排序。

PageRank 算法以谷歌公司联合创始人 Larry Page 的姓命名，是谷歌公司最初用来为网页排名的算法之一。虽然 PageRank 算法最著名的用例是为网页排名，但是实际上它可以用来为任意类型的节点排名。

在 PageRank 算法中，决定一个网页排名的因素有如下 3 个。

- **链接数量**：被其他网页链接的次数越多，该网页的访问者可能就越多。
- **链接强度**：这些链接被访问的次数越多，该网页的流量就越大。
- **链接来源**：如果被其他有较高排名的网页链接，那么该网页的排名也会升高。

图 5-4 展示了 PageRank 算法的原理。其中，节点代表网页，边代表超链接。

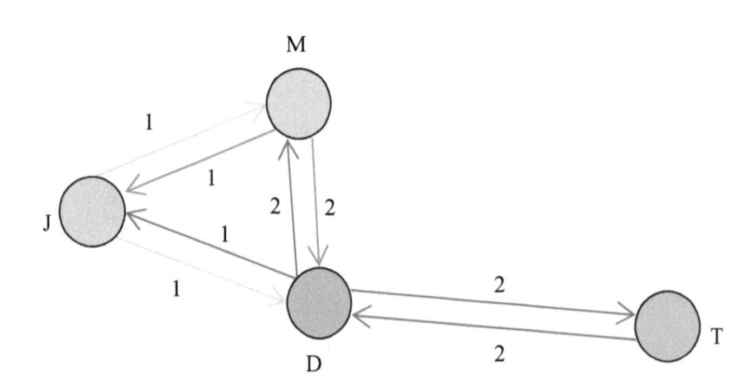

图 5-4 在这个网络中，节点代表网页，边代表超链接

超链接的权重越大，则其箭头所指方向的流量就越大。从图 5-4 可以看到，对于网页 M 的访问者而言，访问网页 D 的可能性是访问网页 J 的两倍，而访问网页 T 的可能性为零。

要了解哪个网页吸引的访问者最多，可以根据图 5-4 模拟 100 个访问者的上网行为，并观察他们最后停留在哪个网页上。

首先，把 100 个访问者平均分配给 4 个网页，如图 5-5 所示。

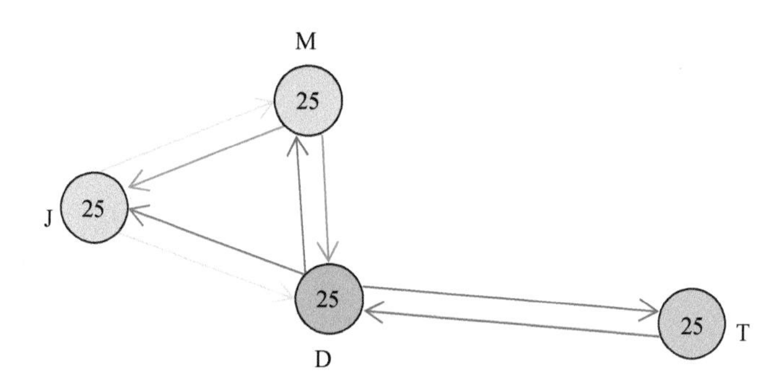

图 5-5 初始设置：100 个访问者被平均分配给 4 个网页

然后，根据链接的方向和强度为每个网页重新分配访问者。比如，在网页 M 的访问者中，有 2/3 会访问网页 D，剩余的 1/3 会访问网页 J。在图 5-6 中，各条边显示了进出各个网页的访问者数量。

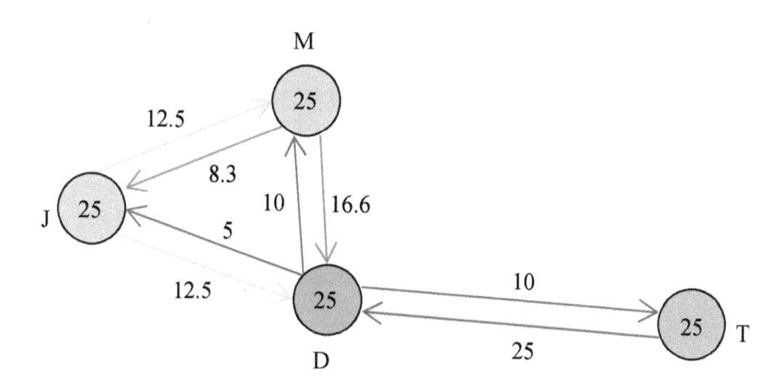

图 5-6 根据链接的方向和强度重新分配访问者

经过重新分配之后，网页 M 大约有 23 个访问者，其中 10 个来自于网页 D，13 个来自于网页 J。图 5-7 显示了每个网页最终的访问者人数（舍入到最接近的整数）。

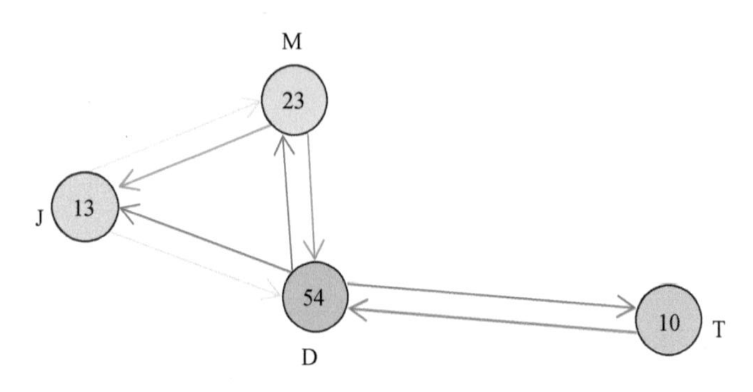

图 5-7 重新分配后的访问者分布情况

为了得到每个网页的 PageRank 排名，重复上述分配过程，直到每个网页的访问者人数不再发生改变。每个网页的最终访问者人数体现了该网页的 PageRank 排名：访问者越多，排名就越高。

尽管 PageRank 算法易于使用，但它有局限性，那就是它偏向于旧节点。如果一个新网页包含非常棒的内容，但一开始时访问者人数很少，那么它的 PageRank 排名就较低，这有可能导致该网页不在推荐之列。为了避免出现这种情况，可以定期更新 PageRank 值，让新网页随着自身知名度的提高获得提高排名的机会。

不过，这种偏向有时反倒有益，尤其是对那些有着长期影响力的实体进行排序时，更是如此。这表明，一个算法的局限性在某种情况下可能正是它的优点，这具体要看研究的问题是什么。

5.5 局限性

虽然用于聚类和排名的方法让我们得以更深入地了解一个网络，但是在理解结果时务必要谨慎。

以 5.2 节为例，我们用国际贸易数据来评估国家之间的关系。这种方法可能会过于简单，有如下缺点。

- 外交关系被忽略：虽然两个节点之间的边能体现进出口关系，从而在一定程度上反映两国之间的友好关系，但对于同为进口方或同为出口方的国家，这种方法不适用。
- 其他贸易因素被忽略：进出口贸易政策的制定涉及其他因素。除了加强双边关系外，各国可能还想通过贸易促进经济发展。因此，仅研究贸易数据可能得不到全面的结论。

最终能否得到正确结论，取决于数据对考察对象的反映程度。因此，必须精心选择用以生成网络的数据类型。为了核实所选数据源切实可行并且分析技术足够健壮，应该结合其他信息源验证结果。

5.6 小结

- 社会网络分析可用于绘制和分析多个实体之间的关系。
- Louvain 方法用于在一个网络中找出群组，具体做法是将群组内部的相互作用最大化，同时把群组之间的相互作用最小化。当群组大小相同且相互分离时，该方法的效果最佳。
- PageRank 算法根据链接的数量、强度以及来源对网络中的节点进行排序。这个算法有助于找出网络中占主导地位的节点，但对链接数不太多的新节点并不友好。

第6章 回归分析

6.1 趋势线

趋势线是做预测时常用的工具，它们很容易生成，也很容易理解。只要翻翻每天的报纸，就会看到大量趋势线图表，涉及的主题各种各样，从股票价格到天气预报。

一般的趋势往往只涉及单个预测变量，这个变量用来产生预测结果，比如使用时间（预测变量）预测一家公司的股票价格（预测结果）。不过，通过添加更多预测变量，可以改善预测结果，比如除了时间之外，还使用销售收入来一起预测股票价格。

回归分析不但可以通过考虑更多预测变量改善预测结果，而且还可以比较各个预测变量的强弱。

为了理解回归分析的原理，让我们看一个预测房价的例子。

6.2 示例：预测房价

本示例使用的是 20 世纪 70 年代美国波士顿房价的相关数据及预测变量。经过初步分析发现，对房价影响最大的两个因素是房间数以及周围低收入居民所占的比例。

从图 6-1 可以看出，价格较高的房子通常房间数较多。为了预测房价，我们画了一条趋势线（图中的蓝线）。这条趋势线亦称最佳拟合线，大部分数据点都分布在这条线附近。由此预测，一所拥有 8 个房间的房子售价大约是 38 150 美元。

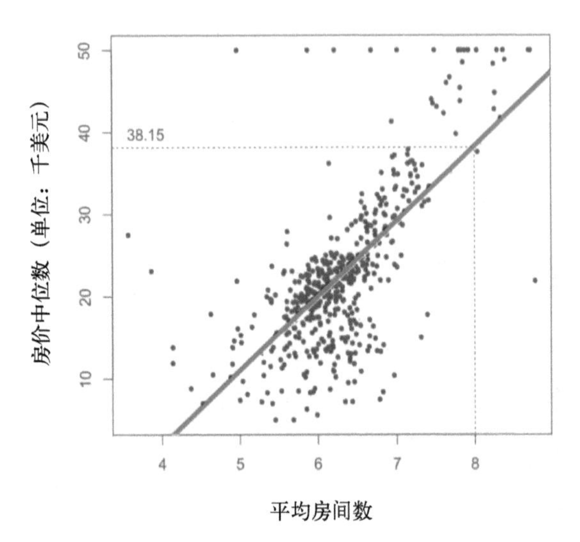

图 6-1 房价和房间数的关系

除了房间数之外，房价还受周围居民收入的影响。对于一所房子，其周围低收入居民占的比例越大，房价就越低，如图 6-2 所示。图 6-2a 中的趋势稍有弯曲，通过针对预测变量值应用对数变换，数据点和趋势线能更好地保持一致，如图 6-2b 所示。

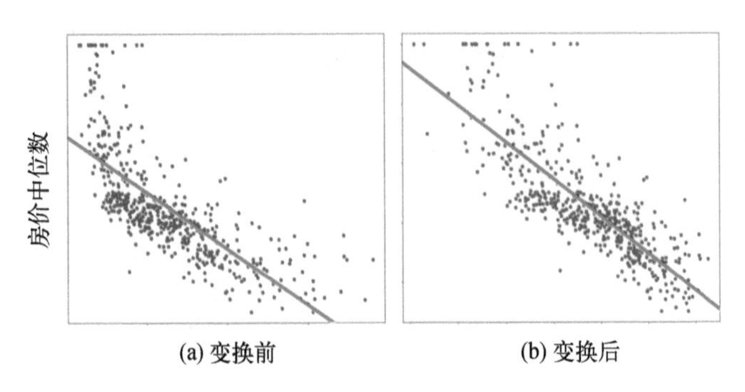

图 6-2 房价和低收入居民占比的关系

经过观察可以发现，相比于图 6-1，图 6-2b 中有更多数据点集中分布在趋势线附近，这说明周围居民的富裕程度对房价的影响要比房间数的影响大。

为了提高房价预测结果的准确度，可以把房间数和周围居民的富裕程度结合起来并将其作为一个预测变量使用。不过，由于后者对房价的影响要比前者大，因此把两者简单地加起来并不合理。合理的做法是给通过周围居民富裕程度所做的预测赋予更高的权重，如图 6-3 所示。

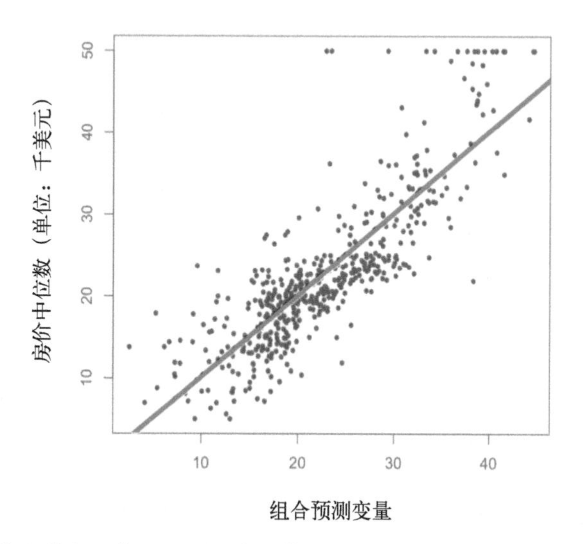

图 6-3　房价和带权重的组合预测变量的关系，组合预测变量由房间数和周围居民的富裕程度组合而成

图 6-3 反映的是房价和带有最优权重的组合预测变量的关系。该组合预测变量由房间数和周围居民的富裕程度这两个预测变量组合而成。请注意，相比之前，图中的数据点离趋势线更近，因此通过这条趋势线所做的预测可能是最准确的。为了验证这一点，可以比较使用 3 条趋势线所得到的平均预测误差，如表 6-1 所示。

表 6-1 使用 3 条趋势线所得到的平均预测误差

	预测误差 （单位：千美元）
房间数	4.4
周围居民的富裕程度	3.9
房间数和周围居民的富裕程度	3.7

显而易见，通过带权重的组合变量能够得到更准确的预测结果。但是，我们在使用过程中要回答如下两个问题。

(1) 如何得到最优权重组合？

(2) 如何解释它们？

6.3 梯度下降法

在回归分析中，预测变量的权重是主要参数，通过解方程就可以直接求得最优权重。不过，由于回归分析简单并且适合用于阐释概念，因此我们将用它来解释另外一个优化参数的方法。这个方法就是梯度下降法，一般在无法直接得到参数时使用。

简单地说，梯度下降法先初步猜测合适的权重组合，再通过一个迭代过程，把这些权重应用于每个数据点做预测，然后调整权重，以减少整体预测误差。

这个过程类似于一步步走到山底下。每走一步，梯度下降法都要判断从哪个方向下是最陡峭的，然后朝着那个方向重新校准权重。最终，我们会到达最低点，这个点的预测误差最小。图 6-4 描绘了一条经过优化的回归趋势线如何与梯度上的最低点相对应。

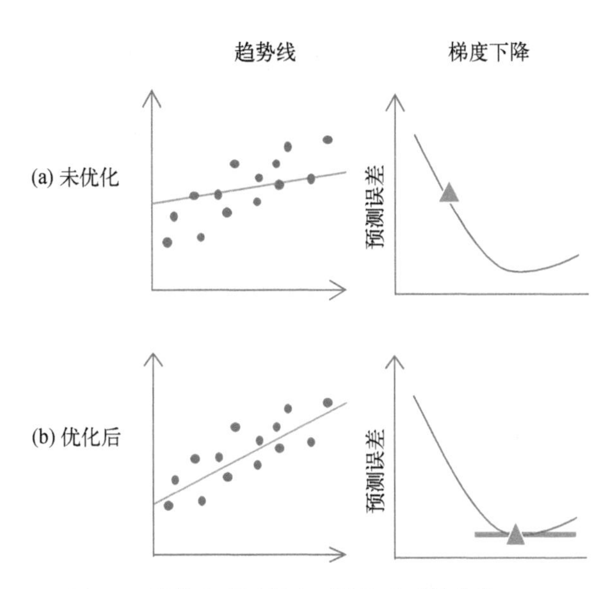

图 6-4 趋势线通过梯度下降法达到最优化

除了回归之外，梯度下降法也能用来优化其他模型中的参数，比如第 8 章讲的支持向量机和第 11 章讲的神经网络。然而，在这些更为复杂的模型中，梯度下降法的结果可能会受到“下山起点”（即初始参数值）的影响。比如，假设起点下方恰好有一个小凹坑，那么梯度下降法可能会将其误认为是最优点，如图 6-5 所示。

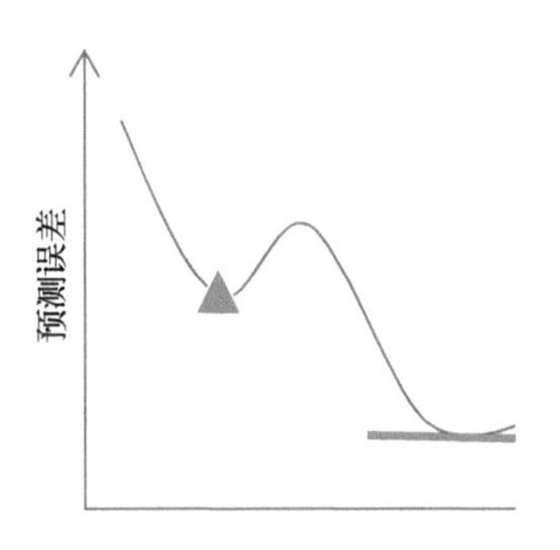

图 6-5 凹坑（绿色三角形）可能会被误认为是最优点，而真实的最优点在更下方（绿色水平线）

为了降低陷入这种凹坑的风险，可以使用另外一种方法——*随机梯度下降法*。在这种方法中，每次迭代并不是采用所有数据点，而是只从其中选取一个来调整参数。这样做就引入了多变性，有助于算法逃离凹坑。虽然从这个随机过程中得到的最终参数值可能不是最优的，但与最优值很接近，精度还是相当不错的。

梯度下降法的这个缺点通常只出现在更为复杂的模型中，做回归分析时根本无须担心这一点。

6.4 回归系数

在为回归预测变量求得最佳权重之后，需要对它们进行解释。

回归预测变量权重的正式名称是*回归系数*，它表示某个预测变量相比于其他预测变量的影响大小。换言之，它表示相关预测变量的增加值，而非绝对预测强度。

举例来说，如果使用房屋的建筑面积和房间数来预测房价，那么房间数的权重也许可以忽略不计。因为房间数在衡量房屋大小方面的作用与建筑面积有重叠，所以它对整个预测能力的贡献很小。

预测变量的度量单位不同也会影响对回归系数的解释。比如，对于同一个预测变量，以米为度量单位时的权重是以厘米为度量单位时的 100 倍。为了避免这个问题，应该在做回归分析之前先对预测变量的度量单位进行标准化。标准化类似于统一使用百分位数来表示每个变量。经过标准化之后，预测变量的系数被称为*标准化回归系数*，可以用来做更准确的比较。

在预测房价的例子中，两个预测变量（房间数和周围低收入居民所占比例）都经过了标准化，权重比为 2.7 ： 6.3。这意味着在预测房价时，周围低收入居民所占比例比房间数起更大的作用。回归方程如下所示。

房价 = 2.7(房间数) – 6.3(低收入居民所占比例)

请注意，在这个方程中，低收入居民所占比例的权重前面有一个负号，这表示权重为负。这是因为该预测变量和房价是负相关关系，这一点可以从图 6-2 中向下倾斜的趋势线看出来。

6.5 相关系数

当只存在一个预测变量时，该预测变量的标准化回归系数也被称为*相关系数*，记作 r，如图 6-6 所示。相关系数的取值范围为 –1 到 1，它提供了两部分信息。

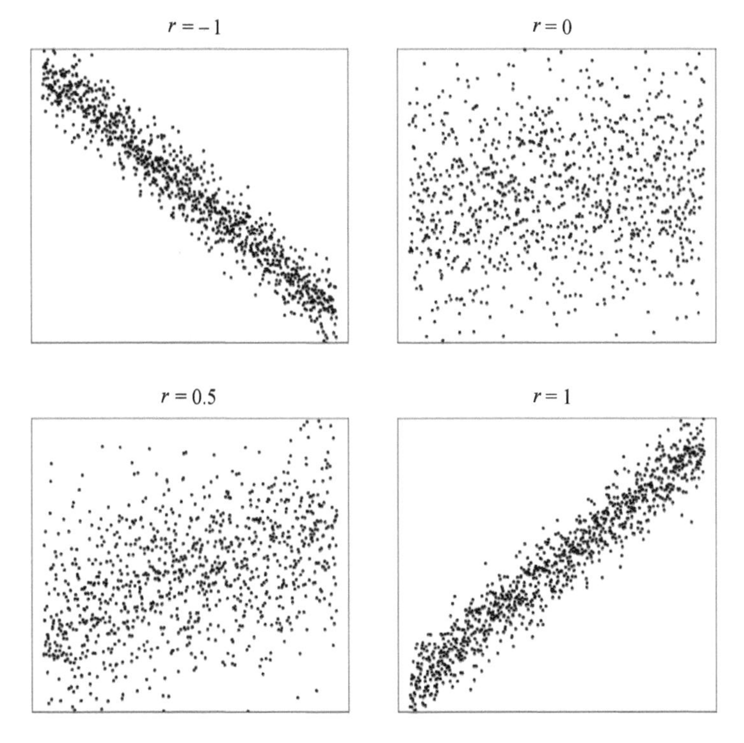

图 6-6 不同的相关系数下数据的分布情况

- **关联方向**：相关系数为正表示预测变量和结果变化的方向一致；为负则表示两者变化方向相反。房价和房间数是正相关关系，和周围低收入居民所占比例是负相关关系。
- **关联强度**：r 值越接近 –1 或 1，预测变量起的作用就越大。例如，图 6-1 中趋势线表示的相关系数是 0.7，而图 6-2b 中的是 –0.8。这意味着在预测房价时，相比于房间数，周围低收入居民所占比例起着更大的作用。若 r 值为 0，则表示预测变量和结果之间不存在关系。因为相关系数表示单个预测变量的绝对强度，所以相比于回归系数，相关系数在对预测变量进行排序时更可靠。

6.6 局限性

虽然回归分析能够提供丰富的信息，并且计算速度快，但是它本身存在着一定的局限性。

- **对异常值敏感**：由于回归分析平等地对待所有的数据点，因此只要存在几个有异常值的数据点，就会给趋势线造成很大的影响。为了避免出现这种情况，在做进一步分析之前，可以先使用散点图找出异常值。
- **造成相关预测变量权重失真**：如果回归模型包含高度相关的预测变量，那么这些变量的权重会失真，这就是所谓的*多重共线性*问题。为了解决这个问题，可以在分析之前先把相关预测变量排除，或者使用更高级的技术，比如*套索回归*或*岭回归*。
- **弯曲的趋势**：在本章所举的例子中，趋势由直线表示。但是有些趋势可能是弯曲的。对于这种情况，可能需要对预测变量的值进行转换，或者使用支持向量机（详见第 8 章）等其他算法。
- **并不说明存在因果关系**：假设我们发现养狗和房价是正相关关系。我们知道养宠物狗不会让房子增值，但是那些养得起狗的家庭往往会有较高的收入，并且很有可能住在房价较高的社区。

尽管回归分析有上述局限性，但是它仍然是做预测时最常用、最易用、最直观的一种技术。仔细理解分析结果，有助于确保结论的准确性。

6.7 小结

- 回归分析用于寻找最佳拟合线，使得尽可能多的数据点位于这条线附近（或这条线上）。
- 趋势线由带权重的组合预测变量得到。这些权重被称为回归系数，表示某个预测变量相对于其他预测变量的影响强度。
- 在下面几种情况下，回归分析的效果最好：

  (1) 预测变量之间的关系不强；

  (2) 无异常值；

  (3) 趋势可以用直线表示。

第7章

k最近邻算法和异常检测

7.1 食品检测

让我们来聊聊葡萄酒。你是否曾想真正地搞清楚红葡萄酒和白葡萄酒的区别？

有些人想当然地认为，红葡萄酒是用红葡萄酿制的，而白葡萄酒是用白葡萄酿制的。但是这并非完全正确，尽管红葡萄酒不能用白葡萄酿制，可白葡萄酒是可以用红葡萄酿制的。

红白葡萄酒最大的区别在于葡萄的发酵方式不同。酿制红葡萄酒时，葡萄汁和葡萄皮是混在一起发酵的，葡萄皮在这个过程中会释放出独特的红色素。酿制白葡萄酒时，则要把葡萄皮去掉，只发酵葡萄汁。

一方面，我们可以根据葡萄酒的颜色推断其酿制过程有无用到葡萄皮；另一方面，葡萄皮会导致葡萄酒的化学成分发生变化，这意味着不用观察葡萄酒的颜色，只通过分析化学成分的含量就能推断出葡萄酒的颜色。

为了检验这个假设，可以使用机器学习中最简单的一种方法：k 最近邻算法。

7.2 物以类聚，人以群分

k 最近邻算法根据周围数据点的类型对某个数据点进行分类。也就是说，如果一个数据点周围有 4 个红点和 1 个黑点（如图 7-1 所示），那么根据少数服从多数的原则，这个数据点很可能就是红色的。

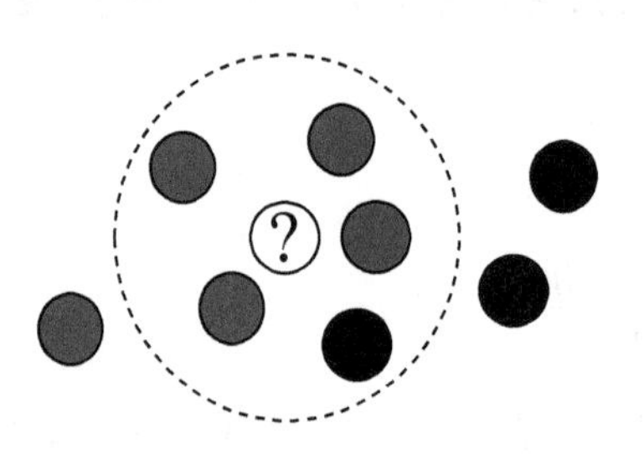

图 7-1 根据周围 5 个数据点的颜色以及少数服从多数的原则，中心数据点应该被划为红点

在 *k* 最近邻算法中，参数 *k* 表示周围数据点的个数。在上面的例子中，*k* 为 5。选择 *k* 值的过程叫作参数调优，它对预测的准确度起着至关重要的作用。

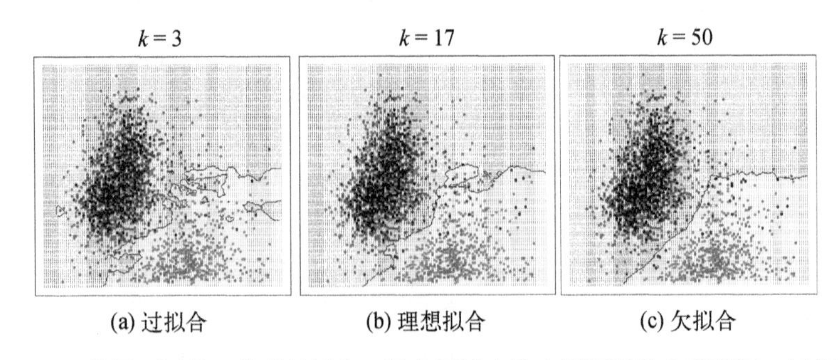

图 7-2 使用不同的 *k* 值进行拟合。黑色区域中的点被预测为白葡萄酒，红色区域中的点则被预测为红葡萄酒

如果 *k* 值太小，数据点只与最近的“邻居”匹配，并且随机噪声所产生的误差也会被放大，如图 7-2a 所示。如果 *k* 值太大，数据点会尝试与更远的“邻居”匹配，其中隐含的模式会被忽略，如图 7-2c 所示。

只有当 *k* 值恰到好处时，数据点才会参考合适数量的“邻居”，这使得误差相互抵消，有利于揭示数据中隐藏的趋势，如图 7-2b 所示。

为实现理想拟合并把误差降到最低，可以使用交叉验证法对参数 *k* 进行调优（请参考 1.4.3 节）。对于二分类问题，可以把 *k* 设置成一个奇数，以避免出现平局的情况。

除了用来为数据点分类，*k* 最近邻算法还可以通过合计周围数据点的值来预测连续值。相比于平等看待周围的所有数据点并简单地取平均值，通过使用加权平均值，能够进一步改善预测结果。离数据点越近的“邻居”，其值越能反映该数据点的真实值，因此赋给它的权重应该更大。

7.3　示例：区分红白葡萄酒

回到葡萄酒的例子。通过观察与之有相似化学成分的葡萄酒，可以猜出某款葡萄酒的颜色。

如图 7-3 所示，我们利用葡萄牙青酒的各种红白变种酒的数据把 1599 种红葡萄酒和 4898 种白葡萄酒的化学成分绘制了出来，图中涉及两种化学成分，即氯化物（横轴）和二氧化硫（纵轴）。

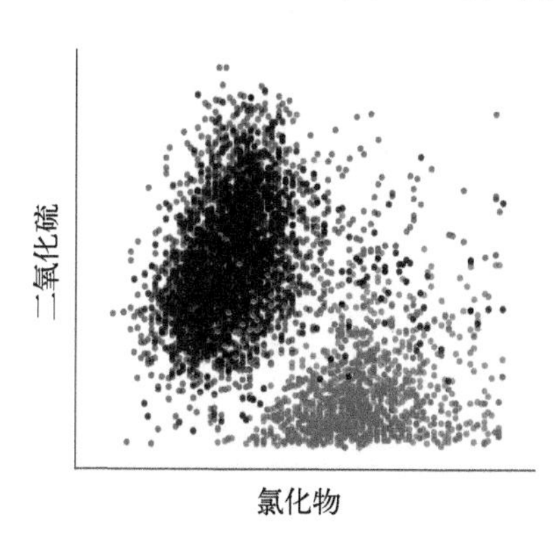

图 7-3　白葡萄酒（黑点）和红葡萄酒（红点）中氯化物和二氧化硫的含量

因为葡萄皮中的矿物质（比如氯化钠，与食盐成分一样）含量较高，所以红葡萄酒中这些成分的含量就相对较高，图中很好地反映出了这一点。葡萄皮还含有天然抗氧化剂，用来使葡萄保持新鲜。白葡萄酒不包含这种成分，所以需要使用更多的二氧化硫来充当防腐剂。正是这些原因使得红葡萄酒大都集中在图中的右下部分，白葡萄酒则主要集中在左上部分。

在推断含有特定量氯化物和二氧化硫的葡萄酒的颜色时，可以参考与其有相似化学成分含量的葡萄酒的颜色。对图中每个点都这样做一遍，可以画出用以区分红葡萄酒和白葡萄酒的分界线。如图 7-2b 所示，在理想拟合的情况下，推断葡萄酒颜色的准确率超过 98%。

7.4　异常检测

k 最近邻算法不仅可以用来预测数据点的类别和取值，还可以用来识别异常，比如检测欺诈行为。而且，在异常检测过程中还可能会有新的发现，比如发现之前被忽略的预测变量。

数据可视化让异常检测变得简单。比如在图 7-3 中，我们能一眼看出哪些酒偏离了它们所属的群组。不过，并非所有数据都可以用二维图表示，尤其是当要检查的预测变量超过两个时，更是如此。这正是 *k* 最近邻等预测模型大显身手的时候。

因为 *k* 最近邻算法利用数据中的隐藏模式做预测，所以如果出现预测误差，就说明数据点和总体趋势不一致。事实上，任何能够产生预测模型的算法都可以用来检测异常。比如，在回归分析中，如果某个数据点明显偏离最佳拟合线，那么就会被识别为异常点。

稍微分析一下葡萄酒颜色归类错误时的异常数据，就会发现那些被错划成白葡萄酒的红葡萄酒往往含有较多的二氧化硫。由于这些葡萄酒的酸度较低，因此需要更多的二氧化硫来充当防腐剂。如果知道了这一点，那么我们可能会把葡萄酒的酸度也考虑进去，从而进一步提高预测的准确度。

异常数据点既可能因缺失预测变量所致，也可能因预测模型缺少足够的训练数据所致。我们拥有的数据点越少，就越难发现隐藏于数据中的模式，所以务必确保建模时有足够的样本可用。

一旦找到异常数据点，就要将它们从数据集中移除，然后再训练预测模型。这样做可以减少数据中包含的噪声，进而提高模型的准确度。

7.5 局限性

尽管 k 最近邻算法简单且实用，但是在如下情形中使用该算法可能无法取得好的效果。

- **类别不平衡**：如果待预测的类别有多个，并且在大小方面存在很大的不同，那么那些属于最小类别的数据点可能会被来自更大类别的数据点所掩盖，它们被错误分类的风险更大。为了提高准确度，可以使用加权投票法来取代少数服从多数的原则，这会确保较近数据点类别的权重比较远的更大。
- **预测变量过多**：如果待考虑的预测变量太多，在多个维度上识别和处理近邻会导致计算量大增。而且，有些预测变量可能是多余的，它们对提高预测准确度没有用处。为了解决这个问题，可以使用第 3 章介绍的降维技巧，只抽取最具影响力的预测变量用于分析。

7.6 小结

- k 最近邻算法根据周围数据点的类型对某个数据点进行分类。
- k 表示用作参考的数据点的个数，可以使用交叉验证法来确定。
- 当预测变量数目不多，并且类别大小差别不大时，k 最近邻算法才能产生非常好的效果。不准确的分类可能会被标记为潜在异常。

第8章 支持向量机

8.1 医学诊断

医学诊断是复杂的过程。医生在做诊断时，不仅需要考虑患者的多个症状，而且自己的主观看法很容易影响诊断结果。有时，当正确的诊断结果出来时，才发现为时已晚。一种更系统的诊断方法是使用一些算法通过整个医疗数据库进行训练，用以提高预测准确度。

本章将介绍一种新的预测技术——支持向量机。借助这种技术可以得到最优分类边界，并把就医者分为两组（比如“健康”和“不健康”）。

8.2 示例：预测心脏病

在发达国家，心脏病是常见疾病之一，心血管狭窄或阻塞都会增加罹患心脏病的风险。这种疾病通过影像扫描可以得到明确的诊断结果，但是影像扫描的费用较高，大部分人很难负担得起定期做影像扫描的费用。一种解决方案是根据生理症状把高危人群筛选出来，然后给这些人做定期扫描。

为了查明哪些症状可以用来判断是否得了心脏病，一家美国诊所邀请多位患者参加研究。他们要求这些患者做运动，同时记录他们的多项生理指标，比如运动过程中的最大心率等。随后，他们对患者做影像扫描，判断是否患有心脏病。如图 8-1 所示，通过开发支持向量机预测模型（考察对象包括心率数据和患者年龄），我们能够预测患者是否得了心脏病，预测准确度超过 75%。

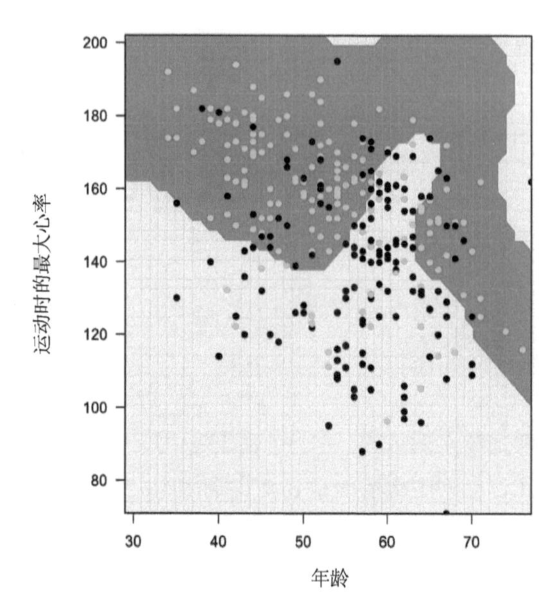

图 8-1 使用支持向量机预测患者是否有心脏病。图中深绿色区域反映的是健康成年人的情况，而灰色区域反映的是心脏病患者的情况。绿点和黑点分别代表健康成年人和心脏病患者

一般来说，相比于同龄的健康人（绿点），心脏病患者（黑点）在运动期间的心率更低，并且在超过 55 岁的人群中，患心脏病的人更多。

尽管心率似乎随着年龄的增长而降低，但是实际上 60 岁左右的心脏病患者的心率接近于健康的年轻人，这一点可以从决策边界的凸弧看出来。要不是使用支持向量机发现了这个凸弧，我们很可能会忽略该现象。

8.3 勾画最佳分界线

支持向量机的主要目标是得到一条能用于分组的最佳分界线。这并不像听上去那么简单，因为能用于分组的分界线可能有多条（如图 8-2 所示）。

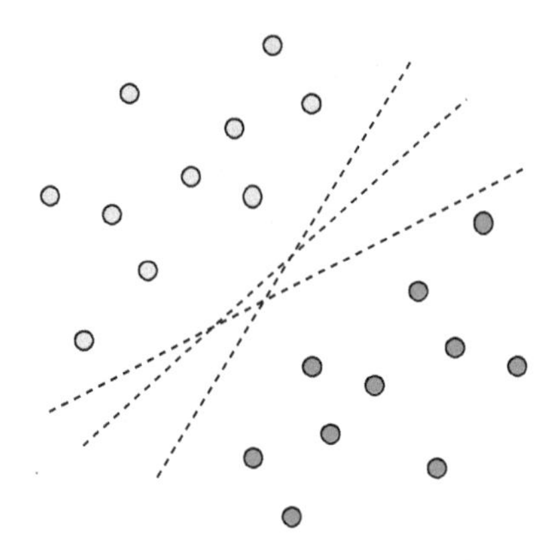

图 8-2　有多条线可以把两组分开

为了找出最佳分界线，首先需要从一组中找出距离另一组最近的外围数据点，然后在两组的外围数据点之间画出最佳分界线（如图 8-3 所示）。由于这些外围数据点在寻找最佳分界线的过程中起了支持作用，因此它们叫作支持向量。

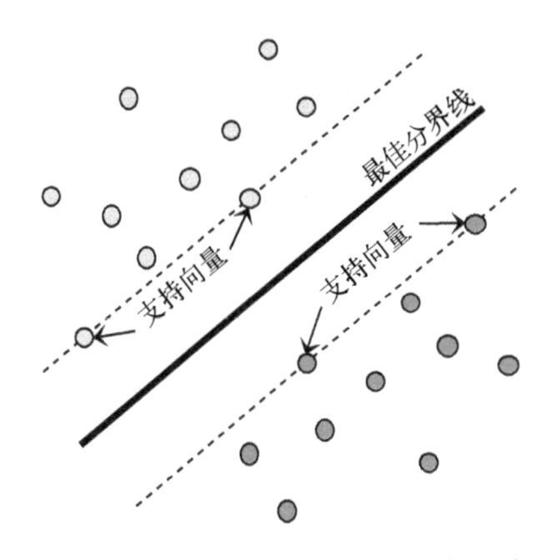

图 8-3　最佳分界线位于两组的外围数据点之间

支持向量机的一个优点是计算速度很快。它仅依靠外围数据点就能找到决策边界。与回归分析（需要考虑每个数据点才能得到趋势线，详见第 6 章）等技术相比，支持向量机做推导所花的时间更少。

然而，这种对数据点子集的依赖也有缺点，这是因为决策边界对支持向量的位置比较敏感，选取不同的数据点作为训练数据，相应支持向量的位置也不同。而且，实际的数据点很少像图 8-2 和图 8-3 中的那样容易划分。事实上，各组数据点可能重叠，如图 8-1 所示。

为了解决上述问题，支持向量机算法有一个关键特征——缓冲带，它允许一定数量的训练数据点位于错误的一边。由此得到一条“更软”的分界线，它对异常值有更强的耐扰性，因此对新数据有更强的泛化能力。

缓冲带通过调整*惩罚参数*得到，这个参数决定了对分类误差的宽容度。惩罚参数越大，宽容度就越大，缓冲带也就越宽。为了让模型对当前数据和新数据有较高的预测准确度，可以使用交叉验证法（参见 1.4.3 节）求得最佳惩罚参数。

支持向量机的另一个强项是找到决策边界的凸弧。虽然许多其他技术也可以做到这一点，但是支持向量机备受青睐，因为它在发现错综复杂的凸弧时有着更出众的计算效率。支持向量机的秘诀是*核技巧*。

支持向量机不会直接在数据平面上绘制有凸弧的分界线，而是会首先把数据映射到高维空间，然后在高维空间中将数据点用直线分开（如图 8-4 所示）。这些直线容易计算，并且当映射回低维空间时也很容易转换成曲线。

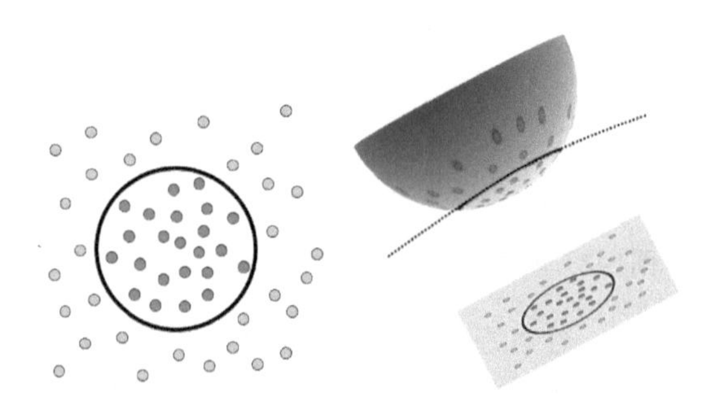

图 8-4 当把二维平面上的点映射到三维球面上后，原来包围蓝点的圆圈就可以用一条直线表示

支持向量机具备在高维空间操纵数据的能力，这使得它在分析有多个变量的数据集时大受欢迎。支持向量机的常见应用场景包括遗传信息破译以及文本情感分析。

8.4 局限性

尽管支持向量机是一个应用很广的快速预测工具，但它在如下情况下表现欠佳。

- **小数据集**：由于支持向量机依靠支持向量确定决策边界，因此样本量少意味着用来对分界线进行准确定位的数据也少。
- **多组数据**：支持向量机每次只能对两组进行分类。如果存在两个以上的组，则需要对每组都应用支持向量机，以便将其从其余组中分出来。这个技术叫作*多类支持向量机*。
- **两组之间存在大量重叠**：支持向量机根据数据点落在决策边界哪一边对其进行分类。当两组的数据点存在大量重叠时，靠近边界的数据点可能更容易发生分类错误。而且，支持向量机没有给出每个数据点遭遇错误分类的概率。但是，可以通过数据点到决策边界的距离来估计其被正确分类的可能性。

8.5 小结

- 支持向量机用来把数据点分为两组，其方法是在两组的外围数据点（即支持向量）的中间画一条分界线。
- 支持向量机对异常值有较好的容忍度。它通过一个缓冲带允许少量数据点位于错误的一边。此外，它还通过核技巧高效地求得带凸弧的决策边界。
- 当需要把大样本中的数据点分为两组时，支持向量机能够发挥最佳作用。

第9章

决　策　树

9.1　预测灾难幸存者

在灾难发生后，某些人（比如妇女和孩子）可能会被优先照顾，因此他们活下来的可能性更大。在这种情况下，可以使用决策树来判断某些人是否会活下来。

本例的决策树通过一系列二元选择题来预测某个人生还的可能性，如图 9-1 所示。每个二元选择题只有两个备选答案（比如“是”或“否”）。从最顶层的选择题（又叫根节点）开始，然后沿着树枝不断移动，直到到达叶节点，并得出此人的生还概率。

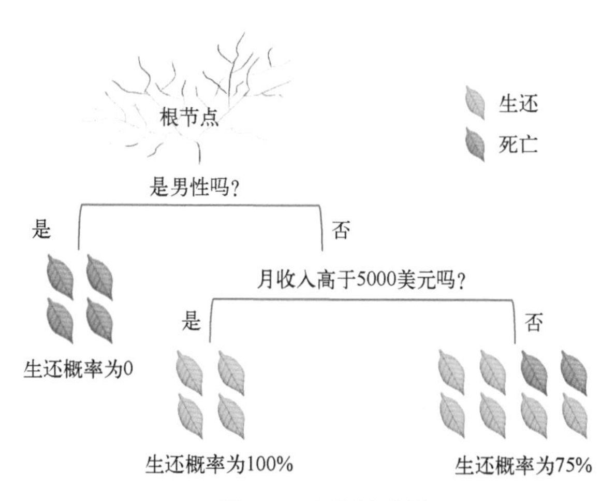

图 9-1　决策树示例

9.2 示例：逃离泰坦尼克号

为了说明如何通过决策树预测乘客生还概率，我们选用了由英国贸易委员会整理的泰坦尼克号乘客数据，用以判断什么样的乘客生还的可能性更大。图 9-2 展示了使用决策树预测乘客生还概率的情况。

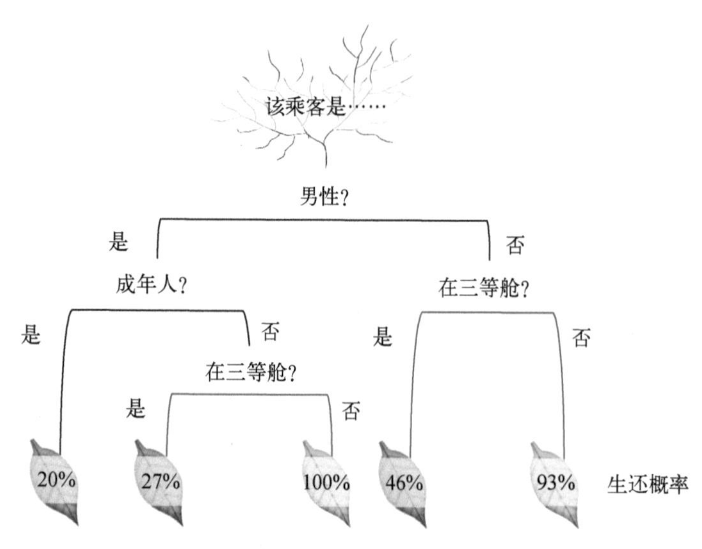

图 9-2 使用决策树判断一个人能否逃离泰坦尼克号

从决策树可知，对于男孩或者女性来说，只要不在三等舱，那么活下来的可能性就很大。

决策树有许多用处，比如预测疾病的存活率，估计员工的辞职概率，或者检测欺诈交易等。此外，决策树还可以用来处理分类问题（比如男性和女性）或连续值问题（比如工资）。请注意，连续值问题有时可以转化为分类问题，比如比较高于和低于平均值的值。

标准决策树的每个分支只存在两个答案，比如“是”或“否”。如果有两个以上的答案（比如“是”“否”“有时”），可以沿着分支继续向下添加更多分支（如图 9-3 所示）。

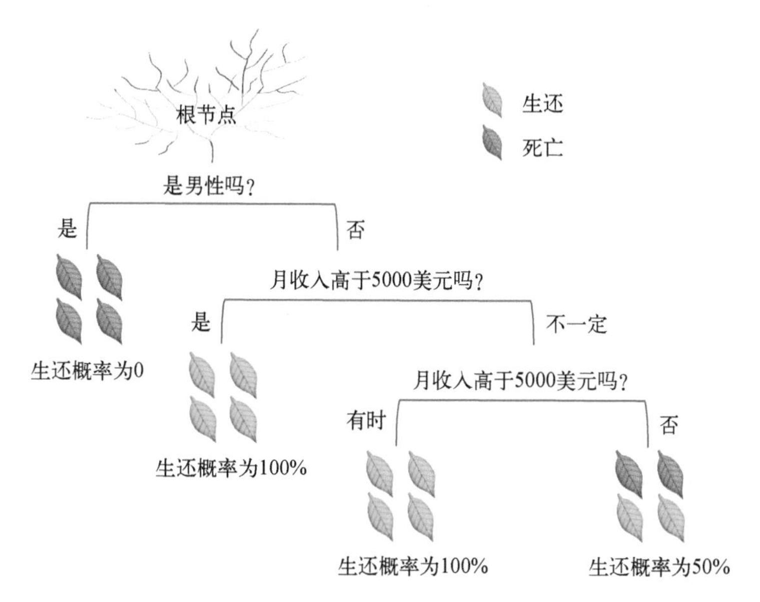

图 9-3　在决策树中测试多个类别

决策树之所以受欢迎，是因为它容易解释。那么，如何生成决策树呢？

9.3　生成决策树

若要生成决策树，首先根据相似性把所有数据点分为两组，然后针对每组重复这个二分过程。每一层叶节点都比上一层包含更少的数据点，但同质性更高。决策树的理论基础是，相同路径上的数据点彼此是相似的。

这个反复拆分数据以得到同质组的过程被称为*递归拆分*，它只包含如下两个步骤。

步骤 1：确定一个二元选择题，它能够把数据点拆分为两组，并最大限度地提高每组数据点的同质性。

步骤 2：针对每个叶节点重复步骤 1，直到满足终止条件。

图 9-4 展示了一个决策树生成示例。

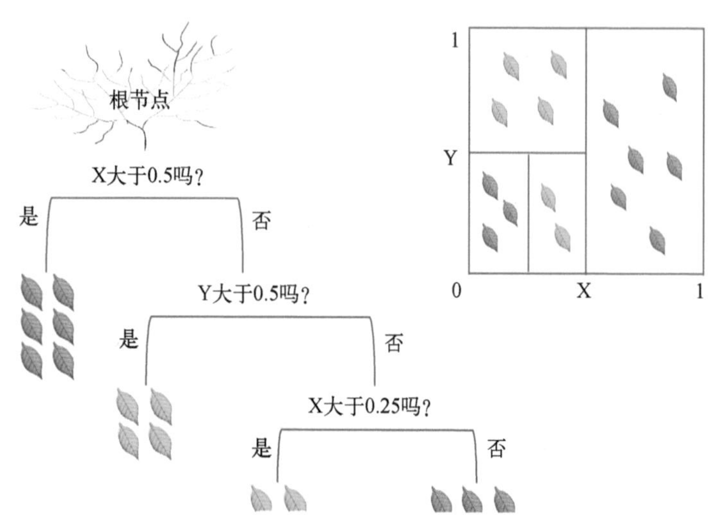

图 9-4 通过决策树拆分数据点并用散点图表示出来

终止条件可能有多个，可以使用交叉验证法（详见 1.4.3 节）进行选取。本例有以下终止条件：

- 每个叶节点中的数据点全属于同一类或有相同的值；
- 叶节点包含的数据点少于 5 个；
- 进一步分支会超出阈值并且不能提高同质性。

由于递归拆分只用最佳二元选择题来生成决策树，因此不显著的变量并不会影响结果。而且，二元选择题往往围绕着最重要的值划分数据点，所以决策树对异常值有较强的耐扰性。

9.4 局限性

虽然决策树容易解释，但存在如下缺点。

- **不稳定**：决策树是通过把数据点分组生成的，数据中的细微变化可能影响拆分结果，并导致生成的决策树截然不同。此外，每次拆分数据点时都力求找到最佳拆分方式，这很容易产生过拟合问题（详见 1.3 节）。
- **不准确**：一开始就使用最佳二元选择题拆分数据点，并不能保证结果最准确。有时，先用不太有效的分法反而会产生比较好的预测结果。

为了克服上述缺点，每次拆分时可以不采用最佳拆分方式，而是尽量让决策树多样化。然后，综合不同的决策树产生的预测结果，让最终预测结果具有更好的稳定性和准确性。

决策树的多样化方法有如下两种。

- **随机森林**：随机选择不同的二元选择题，生成多棵决策树，然后综合这些决策树的预测结果。第 10 章将详解这种方法。
- **梯度提升**：有策略地选择二元选择题，以逐步提高决策树的预测准确度；然后将所有预测结果的加权平均数作为最终结果。

虽然随机森林和梯度提升能够产生更准确的预测结果，但是它们往往比较复杂，并且很难进行可视化，因而得名“黑盒”。这也解释了为什么决策树至今仍然是一个广受欢迎的分析工具：它易于可视化，这使我们更容易评估预测变量及其相互作用。

9.5 小结

- 决策树通过询问一系列二元选择题来做预测。
- 若想生成决策树，就要不断拆分数据样本以获得同质组，直到满足终止条件。这个过程被称为递归拆分。
- 虽然决策树易于使用和理解，但是容易造成过拟合问题，导致出现不一致的结果。为了尽量避免出现这种情况，可以采用随机森林等替代方法。

第10章
随机森林

10.1 集体智慧

综合若干错误的预测结果，可以得到正确的预测结果吗？答案是可以！这好像违背直觉，但优秀的预测模型可以做到，甚至理应如此。

这基于以下事实：虽然错误的预测结果可能有很多，但是正确的只有一个。通过组合具有不同优缺点的模型，往往能强化正确的预测结果，同时使错误相互抵消。这种通过组合不同模型来提高预测准确度的方法被称为集成方法。

第 9 章介绍了决策树，本章要讲的随机森林就是基于决策树的一种集成方法。为了说明随机森林为何优于决策树，我们首先生成 1000 棵决策树，用来预测可能发生在美国旧金山的犯罪行为，然后基于这 1000 棵决策树生成一个随机森林，并比较二者的预测准确度。

10.2 示例：预测犯罪行为

我们采用的数据来自于旧金山警察局，这些公开的数据反映了 2014~2016 年在旧金山发生的犯罪事件，包括地点、日期和严重程度。初步研究显示，这些犯罪事件多发生在天气炎热时，所以我们还获取了同一时间段的天气记录，包括每日气温和降水量。

假设旧金山警察局的警员和资源配置有限，无法派出足够的警力在所有可能发生犯罪行为的片区巡逻。所以，我们要创建一个预测模型，找到每天最有可能发生暴力犯罪行为的前 30% 个片区，并优先向这些片区派遣巡逻的警员。

初步分析显示，犯罪事件主要发生在旧金山东北部，如图 10-1 中的方框所示。因此，我们把方框内的区域分得更小（260 米 ×220 米），以做进一步分析。

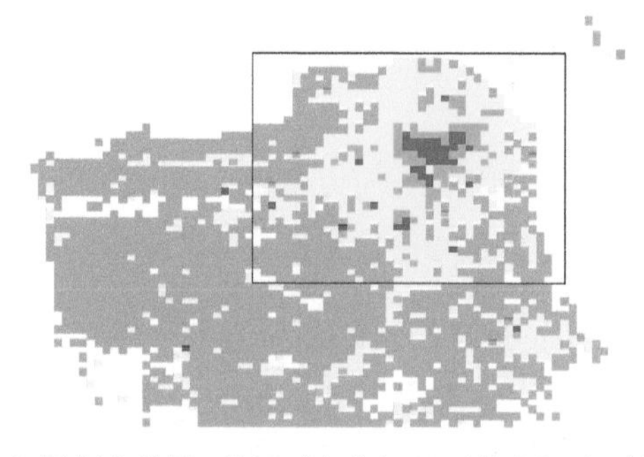

图 10-1　旧金山犯罪频率热图：很低（灰色）、低（黄色）、中（橙色）、高（红色）

为了预测犯罪事件可能发生的时间和地点，先根据犯罪事件数据和天气数据生成 1000 棵决策树，然后把它们组合起来，形成随机森林。我们使用 2014~2015 年的数据训练预测模型，并且使用 2016 年（从 1 月到 8 月）的数据测试模型的准确度。

那么，这个随机森林模型的预测效果如何呢？

经过测试，我们发现随机森林模型成功预测出 72% 的暴力犯罪事件。相比之下，1000 棵决策树的平均预测准确度只有 67%，如图 10-2 所示。

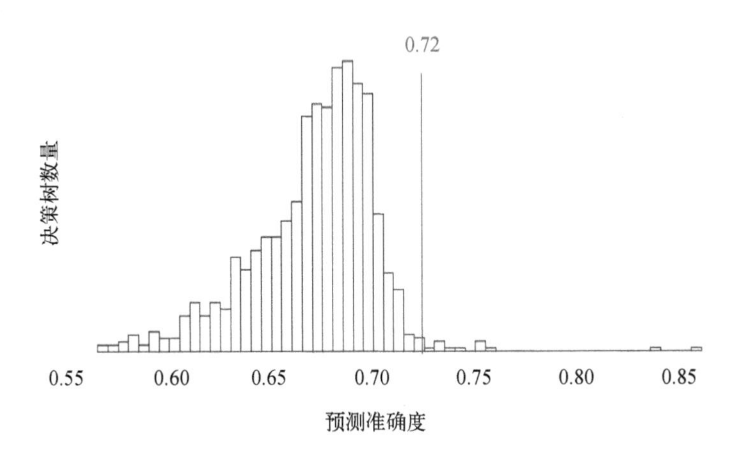

图 10-2 预测准确度直方图：1000 棵决策树的平均预测准确度是 67%，而由这 1000 棵决策树组成的随机森林则能达到 72% 的预测准确度

在这 1000 棵决策树中，仅有 12 棵树的预测结果比随机森林准确。根据这一点，我们确信随机森林的预测结果要优于单棵决策树。

图 10-3 显示了随机森林模型连续 4 天的预测结果。根据预测，警察局应该往红色区域增派警力，派往灰色区域的则不必太多。在犯罪频发的片区增加巡逻力度似乎是理所当然的做法，但是模型还进一步指出了在非红色区域内发生犯罪事件的可能性。以第 4 天的预测结果为例，模型准确预测了在灰色区域内发生的一起犯罪事件，而此前 3 天此处并未出现过暴力犯罪事件。

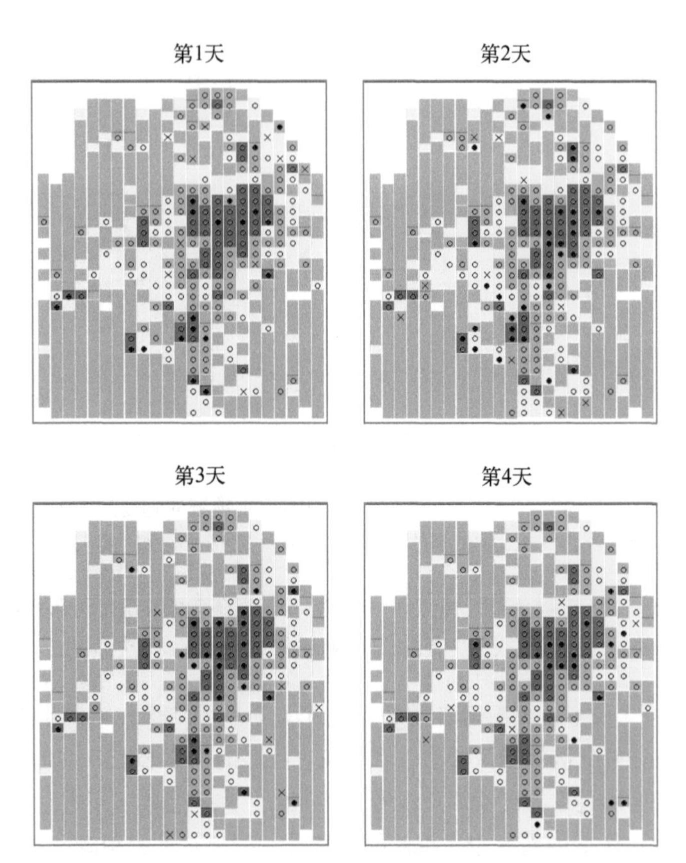

图 10-3 随机森林模型连续 4 天的预测结果。图中，圆圈表示模型认为可能发生暴力犯罪事件；实心圆表示预测准确；叉号表示实际发生过暴力犯罪事件，但模型未能预测

随机森林模型还能让我们看到哪些变量对预测准确度的影响最大。从图 10-4 可以看出，影响大的变量有犯罪频率、地点、哪月哪日以及当日气温。

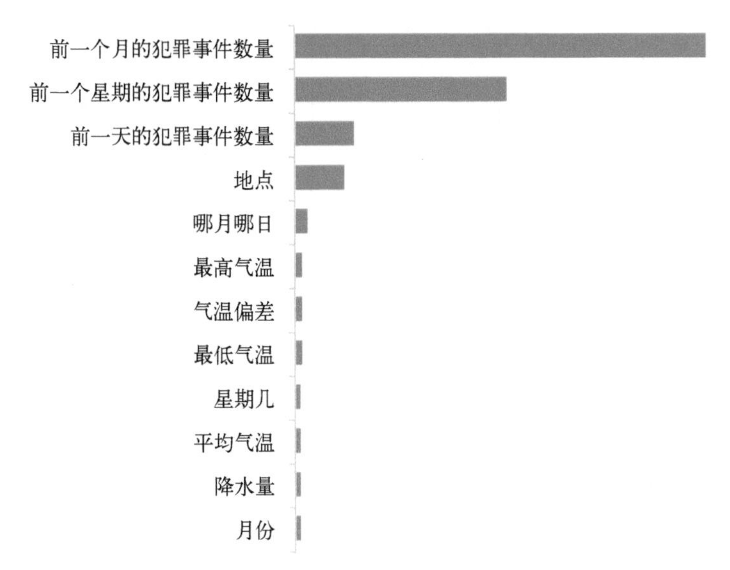

图 10-4 对随机森林模型的预测准确度影响大的变量

本节让我们见识了随机森林在预测如犯罪行为这类复杂现象时表现出的强大优势。那么，随机森林的原理是什么呢？

10.3 集成模型

随机森林是决策树的**集成模型**。集成模型是通过组合许多模型的预测结果得到的预测模型。在组合模型时，既可以遵循少数服从多数的原则，也可以取平均值。

从图 10-5 可以看到，相比于子模型，集成模型的预测准确度更高（本例遵循少数服从多数的原则）。这是因为准确的预测模型会彼此强化，错误的则会彼此抵消。为了达到这种效果，集成模型的子模型一定不能犯同类错误。换言之，子模型必须是不相关的。

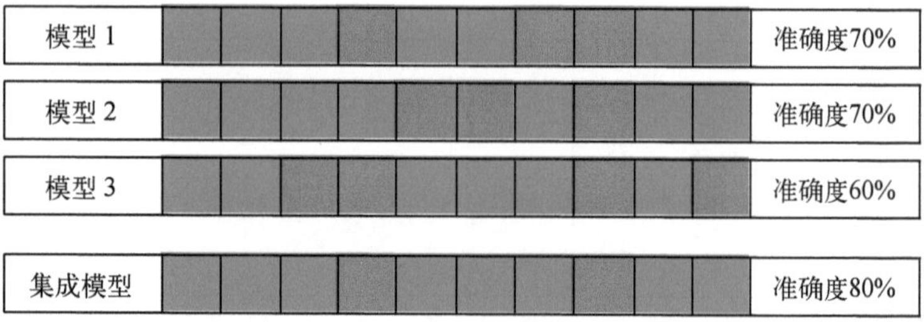

模型 1 准确度70%

模型 2 准确度70%

模型 3 准确度60%

集成模型 准确度80%

图 10-5 对 10 个输出做或蓝或红的预测，最后一个是集成模型，由前 3 个模型组成。正确结果应该是 10 个输出全为蓝色。相比之下，集成模型的预测准确度最高

有一种系统化方法可以用来生成不相关的决策树，这种方法叫作自助聚集法。

10.4 自助聚集法

第 9 章讲过，在构建决策树的过程中，需要按照最佳变量组合不断拆分数据集。然而，找到合适的变量组合并不容易，因为决策树容易出现过拟合问题（相关内容详见 1.3 节）。

为了解决上述问题，首先通过随机组合变量来构建多棵决策树，然后把这些决策树聚集起来，形成随机森林。

自助聚集法用于生成数千棵决策树，这些树彼此有明显的不同。为使决策树之间的关联度最小化，每棵树都由训练数据集的一个随机子集产生，并且使用的是预测变量的一个随机子集。这让生成的决策树各不相同，但仍然保留了一定的预测能力。图 10-6 显示了如何限制决策树生成过程所用的预测变量。

在图 10-6 中，总共有 9 个预测变量，每个变量用一种颜色表示。每次拆分时所用的预测变量子集都从这 9 个预测变量中随机抽取，决策树算法在每次拆分时会从随机抽取的预测变量中选择最好的。

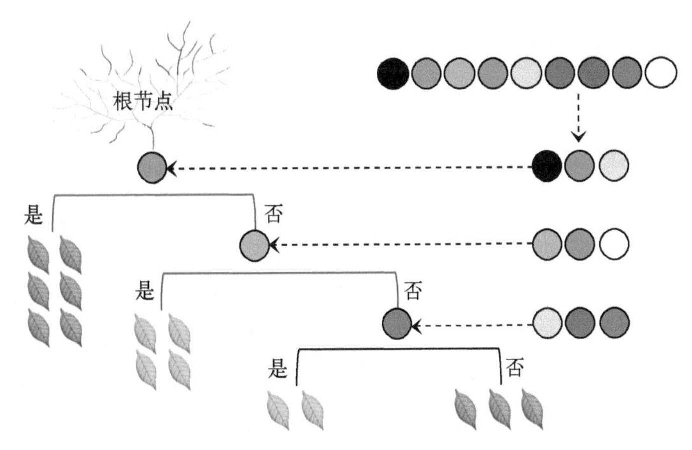

图 10-6 使用自助聚集法生成决策树

通过限制每次拆分时所用的预测变量，能够生成各不相同的决策树，从而避免发生过拟合问题。为了进一步降低发生过拟合问题的可能性，可以增加随机森林中的决策树数量，使模型更通用、更准确。

10.5 局限性

任何模型都不完美。是否选用随机森林模型，需要在模型的预测能力和结果的可解释性之间做权衡。

随机森林是一个“黑盒”：它由随机生成的决策树组成，并且不存在明确的预测规则。比如，我们无法准确地知道随机森林模型如何得出有关犯罪地点和时间的预测结果，而只知道它的大部分决策树都得出了一致的结论。当把随机森林模型应用到医疗诊断等领域时，这种不可解释性可能会带来一些伦理问题。

尽管如此，随机森林仍然因为容易实现而被广泛应用，尤其适用于那些预测准确度比可解释性更重要的场合。

10.6 小结

- 随机森林的预测结果往往比单棵决策树更准确，这是因为它充分利用了两种技术：自助聚集法和集成方法。
- 自助聚集法通过随机限制数据拆分过程所用的变量来生成一系列不相关的决策树，集成方法则把决策树的预测结果组合在一起。
- 虽然随机森林的预测结果不具有可解释性，但是仍然可以根据对预测结果的贡献度大小对各个预测变量进行排序。

第11章
神经网络

11.1　建造人工智能大脑

猜一猜，图 11-1 中的是什么动物？

图 11-1　看图猜动物

尽管图中的动物胖得出奇，你也应该能够猜到它是一只长颈鹿。人类的大脑拥有强大的辨识能力，它是一个由差不多 800 亿个神经元组成的复杂网络。即使某物并非我们熟知的模样，我们也能够轻松地识别。大脑神经元彼此协同工作，它们把输入信号（比如长颈鹿的图片）转换成相应的输出标签（比如“长颈鹿”）。神经网络技术的诞生正是受到人脑神经元的启发。

神经网络是自动图像识别的基础，由神经网络衍生出的一些技术在执行速度和准确度上都超过了人类。近年来，神经网络技术大热，这其中主要有 3 个原因。

- **数据存储和共享技术取得进步**：这为训练神经网络提供了海量数据，有助于改善神经网络的性能。
- **计算能力越来越强大**：GPU（graphics processing unit，图形处理器）的运行速度最快能达到 CPU（central processing unit，中央处理器）的 150 倍。之前，GPU 主要用来在游戏中显示高品质图像。后来，人们发现它能为在大数据集上训练神经网络提供强大的支持。
- **算法获得改进**：虽然目前神经网络在性能上还很难与人脑媲美，但是已有一些能大幅改善其性能的技术。本章会介绍其中一些技术。

自动图像识别是神经网络技术的有力例证，它被应用于许多领域，包括视觉监控和汽车自主导航，甚至还出现在智能手机中，用来识别手写体。下面来看看如何训练能识别手写体的神经网络。

11.2 示例：识别手写数字

本示例使用的手写数字来自于 MNIST（Mixed National Institute of Standards and Technology）数据库，如图 11-2 所示。

图 11-2　MNIST 数据库中的手写数字

为了让计算机读取图像，必须先把图像转换成像素。黑色像素用 0 表示，白色像素用 1 表示，如图 11-3 所示。如果图像是彩色的，则可以使用三原色的色相值来表示。

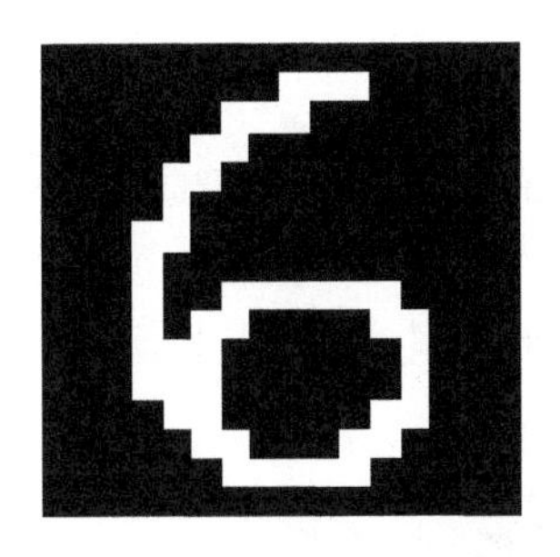

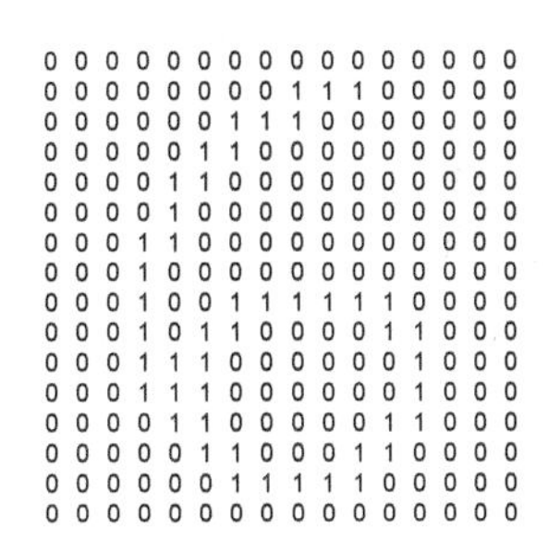

图 11-3　把一幅图像转换为像素

一旦图像完成像素化，就可以把得到的值交给神经网络。在本例中，神经网络总共得到 10 000 个手写数字以及它们实际所表示的数字。在神经网络学过手写数字及其对应标签的联系之后，我们拿 1000 个新的手写数字（不带标签）来测试它，看看它是否能够全部识别出来。

测试发现，神经网络从 1000 个新的手写数字中正确识别出了 922 个，即正确率达到了 92.2%。图 11-4 是一张列联表，可以用它来检查神经网络的识别情况。

预测的数字

实际的数字	0	1	2	3	4	5	6	7	8	9	总计	%
0	84	0	0	0	0	0	1	0	0	0	85	99
1	0	125	0	0	0	0	1	0	0	0	126	99
2	1	0	105	0	0	0	0	4	5	1	116	91
3	0	0	3	96	0	6	0	1	0	1	107	90
4	0	0	2	0	99	0	2	0	2	5	110	90
5	2	0	0	5	0	77	1	0	1	1	87	89
6	3	0	1	0	1	2	80	0	0	0	87	92
7	0	3	3	0	1	0	0	90	0	2	99	91
8	1	0	1	3	1	0	0	2	81	0	89	91
9	0	0	0	0	1	0	0	6	2	85	94	90
总计	91	128	115	104	103	85	85	103	91	95	1000	92

图 11-4 列联表总结了神经网络的表现：第一行指出，共有 85 个“0”，神经网络正确识别出 84 个，最后一个“0”被错误地识别为“6”。最后一列是识别准确率

从图 11-4 可以看到，“0”和“1”的手写图像几乎全部被正确识别出来了，而“5”的手写图像最难识别。接下来详细看看那些被识别错的数字。

“2”被错误识别成“7”或“8”的情况大约占 8%。虽然人能够轻松识别出图 11-5 中的数字，神经网络却可能被某些特征难住，比如“2”的小尾巴。有趣的是，神经网络对“3”和“5”也比较困惑（如图 11-6 所示），识别错误的情况约占 10%。

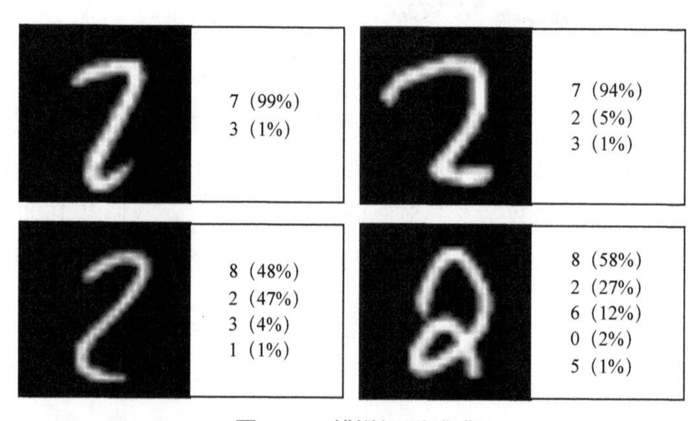

图 11-5 错误识别“2”

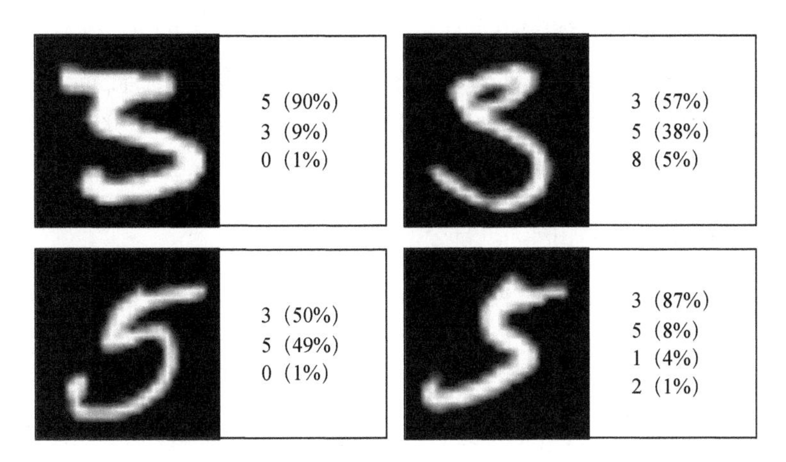

图 11-6　错误识别“3”和“5”

尽管出现了这些错误，但是神经网络的识别速度远快于人类，并且从总体上看，神经网络的识别准确率很高。

11.3　神经网络的构成

为了识别手写数字，神经网络使用多层神经元来处理输入图像，以便进行预测。图 11-7 为双层神经网络示意图。

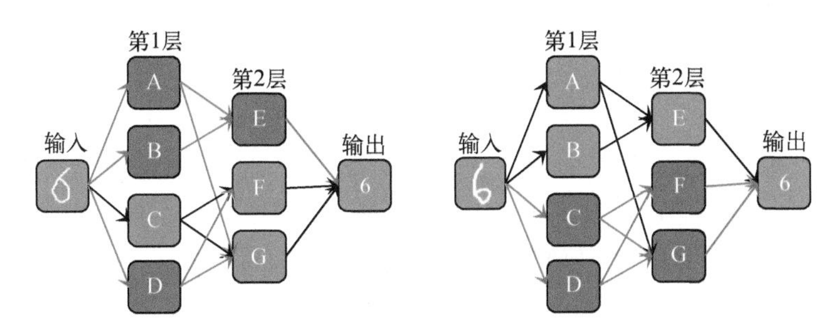

图 11-7　双层神经网络示意图。输入不同，但是输出相同，其中红色表示被激活的神经元

在图 11-7 的双层神经网络中，虽然输入是“6”的两幅不同形态的图像，但是输出是一样的，并且该神经网络使用不同的神经元激活路径。尽管每一个神经元组合产生的预测是唯一的，但是每一个预测结果都可以由多个神经元组合实现。

神经网络通常由如下几部分组成。

- **输入层**：该层处理输入图像的每个像素。如此说来，神经元的数量应该和输入图像的像素数一样多。为简单起见，图 11-7 把大量神经元“凝聚”成一个节点。

  为了提高预测准确度，可以使用*卷积层*。卷积层并不处理单个像素，而是识别像素组合的特征，比如发现“6”有一个圈和一条朝上的尾巴。这种分析只关注特征是否出现，而不关注出现的位置，所以即使某些关键特征偏离了中心，神经网络仍然能够正确识别。这种特性叫作*平移不变性*。
- **隐藏层**：在像素进入神经网络之后，它们经过层层转换，不断提高和那些标签已知的图像的整体相似度。标签已知是指神经网络以前见过这些图像。虽然转换得越多，预测准确度就会越高，但是处理时间会明显增加。一般来说，几个隐藏层就足够了。每层的神经元数量要和图像的像素数成比例。前面的示例使用了一个隐藏层，它包含 500 个神经元。
- **输出层**：该层产生最终预测结果。在这一层中，神经元可以只有一个，也可以和结果一样多。
- **损失层**：虽然图 11-7 并未显示损失层，但是在神经网络的训练过程中，损失层是存在的。该层通常位于最后，并提供有关输入是否识别正确的反馈；如果不正确，则给出误差量。

  在训练神经网络的过程中，损失层至关重要。若预测正确，来自于损失层的反馈会强化产生该预测结果的激活路径；若预测错误，则错误会沿着路径逆向返回，这条路径上的神经元的激活条件就会被重新调整，以减少错误。这个过程称为*反向传播*。

通过不断重复这个训练过程，神经网络会学习输入信号和正确输出标签之间的联系，并且把这些联系作为激活规则编入每个神经元。因此，为了提高神经网络的预测准确度，需要调整管理激活规则的部件。

11.4　激活规则

为了产生预测结果，需要沿着一条路径依次激活神经元。每个神经元的激活过程都由其激活规则所控制，激活规则指定了输入信号的来源和强度。在神经网络的训练过程中，激活规则会不断调整。

图 11-8 展示了神经元 G 的一条激活规则，它模拟的是图 11-7 中的第一个场景。经过训练，神经网络认识到神经元 G 和上一层的神经元 A、C、D 有联系。这 3 个神经元中的任何一个被激活，都会作为输入信号传递给神经元 G。

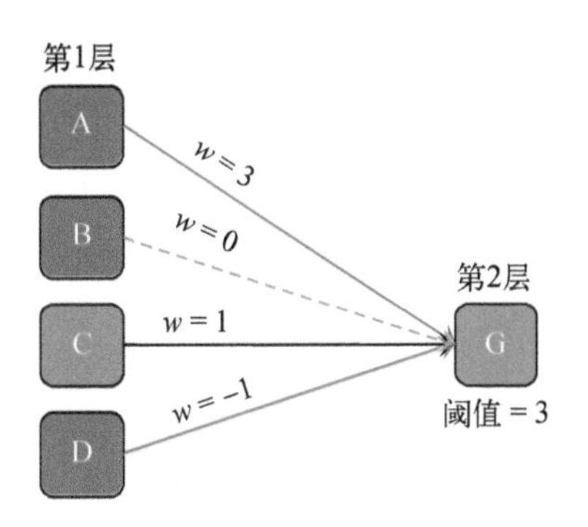

图 11-8　神经元激活规则示例

这些联系的强度各不相同，联系强度也被称为*权重*，记作 w。在图 11-8 中，与神经元 C 相比（$w = 1$），神经元 A 激活后发送的信号更强（$w = 3$）。联系也是有方向的，例如神经元 D（$w = -1$）实际上会减弱传送给神经元 G 的输入信号。

在计算神经元 G 的输入信号总强度时，把上一层与之有关联的所有激活神经元的权重加起来。如果信号强度大于指定的阈值，神经元 G 就会被激活。在图 11-8 中，最终的信号强度为 2（即 3 – 1），由于神经元 G 的阈值为 3，因此它仍然处于未激活状态。

良好的激活规则有助于产生准确的预测结果，其关键在于确定合适的权重和阈值。另外，神经网络的其他参数也需要调整，比如隐藏层的数量、每层的神经元数量等。可以使用梯度下降法（详见 6.3 节）优化这些参数。

11.5 局限性

尽管神经网络能在一定程度上模拟人脑，但其本身仍然存在一些缺点。为了克服这些缺点，人们提出了各种各样的方法。

- **需要大样本**：神经网络的复杂性使之能够识别带有复杂特征的输入，但前提是我们能为它提供大量训练数据。如果训练集太小，就会出现过拟合问题(详见 1.3 节)。如果很难获得更多训练数据，则可以使用如下几种技术来最大限度地降低过拟合风险。
  - **二次取样**：为了降低神经元对噪声的敏感度，需要对神经网络的输入进行“平滑化”处理，即针对信号样本取平均值，这个过程叫作*二次取样*。以图像处理为例，可以通过二次取样缩小图像尺寸，或者降低红绿蓝 3 个颜色通道的对比度。
  - **畸变**：当缺少训练数据时，可以通过向每幅图像引入畸变来产生更多数据。每幅畸变图像都可以作为新的输入，以此扩大训练数据的规模。畸变应该能够反映原数据集的特征。以手写数字为例，可以旋转图像，以模拟人们写字的角度，或者在特定的点进行拉伸和挤压（这叫作*弹性变形*），从而把手部肌肉不受控制而抖动的特点表现出来。

- 丢弃：如果可供学习的训练样本很少，神经元就无法彼此建立联系，这会导致出现过拟合问题，因为小的神经元集群之间彼此会产生过度依赖。为了解决这个问题，可以在训练期间随机丢弃一半的神经元。这些遭丢弃的神经元将处于未激活状态，剩下的神经元则正常工作。下一次训练丢弃一组不同的神经元。这迫使不同的神经元协同工作，从而揭示训练样本所包含的更多特征。

- **计算成本高**：训练一个由几千个神经元组成的神经网络可能需要很长时间。一个简单的解决方法是升级硬件，但这会花不少钱。另一个解决方法是调整算法，用稍低一些的预测准确度换取更快的处理速度，常用的一些方法如下。
  - **随机梯度下降法**：为了更新某一个参数，经典的梯度下降法（详见 6.3 节）在一次迭代中使用所有训练样本。当数据集很大时，这样做会很耗时，一种解决方法是在每次迭代中只用一个训练样本来更新参数。这个方法被称为*随机梯度下降法*，虽然使用这个方法得到的最终参数可能不是最优的，但是准确度不会太低。
  - **小批次梯度下降法**：虽然使用随机梯度下降法能够提升速度，但最终参数可能不准确，算法也可能无法收敛，导致某个参数上下波动。一个折中方法是每次迭代使用训练样本的一个子集，这就是*小批次梯度下降法*。
  - **全连接层**：随着加入的神经元越来越多，路径的数量呈指数增长。为了避免查看所有可能的组合，可以使初始层（处理更小、更低级的特征）的神经元部分连接。只有最后几层（处理更大、更高级的特征）才对相邻层的神经元进行全连接。

- **不可解释**：神经网络由多层组成，每层都有几百个神经元，这些神经元由不同的激活规则控制。这使得我们很难准确地找到产生正确预测结果的输入信号组合。这一点和第 6 章介绍的回归分析不同，回归分析能够明确地识别重要的预测变量并比较它们的强弱。神经网络的“黑盒”特性使之难以证明其使用得当，在涉及伦理问题时尤其如此。不过，人们正在努力研究每个神经元层的训练过程，以期了解单个输入信号如何影响最终的预测结果。

尽管存在上述局限性，但是神经网络本身拥有的强大能力使之得以应用于虚拟助手、自动驾驶等前沿领域。除了模拟人脑之外，神经网络在一些领域已经战胜了人类，比如谷歌公司的 AlphaGo 在 2015 年首次战胜了人类棋手。随着算法不断改进，以及计算能力不断提升，神经网络将在物联网时代发挥关键作用。

11.6 小结

- 神经网络由多个神经元层组成。训练期间，第 1 层的神经元首先被输入数据激活，然后将激活状态传播到后续各层的神经元，最终在输出层产生预测结果。
- 一个神经元是否被激活取决于输入信号的来源和强度，这由其激活规则指定。激活规则会根据预测结果的反馈不断调整，这个过程被称为反向传播。
- 在大数据集和先进的计算硬件可用的情况下，神经网络的表现最好。然而，预测结果在大部分时候都是无法解释的。

第12章

A/B测试和多臂老虎机

12.1 初识 A/B 测试

假设你是网店老板，想通过广告告诉人们你正在促销。你会选下面哪一句广告语呢？

- 最高可享 5 折优惠！
- 您选购的商品将以半价销售。

尽管两句话的意思差不多，但其中一句可能比另一句更具说服力。比如，使用感叹号表达兴奋之情是不是更好？数字“5”是不是比“半价”更具说服力？

为了找到答案，可以试着把这两句广告语分别展示给 100 位顾客，了解两个版本各自的点击量。点击量多的那版也许更能吸引消费者，所以应在随后的广告宣传活动中使用它。这个过程就是 A/B 测试：比较 A 版广告和 B 版广告的效果。

12.2 A/B 测试的局限性

A/B 测试有两大问题。

- **测试结果具有偶然性**：出于偶然因素，糟糕的广告可能胜过优秀的广告。为了提高测试结果的可信度，可以增加受测人数，但是这样做会导致另一个问题。

- **潜在的收入损失**：如果把受测顾客从 100 人增加到 200 人，那么看到糟糕广告的人数也会增加一倍，这有流失顾客的风险——那些原本可能购买商品的顾客因为看到糟糕的广告而放弃购买。

这两个问题分别体现了 A/B 测试中的两个权衡因素：*探索*和*利用*。如果增加广告的受测人数（探索），那么可以提高测试结果的可信度；但是，这样做会失去潜在的顾客，他们本来会购买商品（利用）。

那么，应该如何在两者之间取得平衡呢？

12.3 epsilon 递减策略

A/B 测试先探索哪版广告更好，而后再在宣传活动中加以利用。实际上，并不需要等到探索完成之后再开始利用。

如果在前 100 个浏览者中，A 版广告的点击量比 B 版广告多，那么在接下来的 100 个浏览者中，可以把 A 版广告的曝光率提高到 60%，同时把 B 版广告的曝光率降低到 40%。这样一来，就可以开始利用初期结果，同时继续探索 B 版广告改善表现的可能性。随着越来越多的证据倾向于 A 版广告，我们逐渐提高它的曝光率，同时降低 B 版广告的曝光率。

这个方法采用了 *epsilon 递减策略*。epsilon 指的是探索时间与总时间的比例。随着对效果较好的广告越来越有信心，我们使 epsilon 值递减，如图 12-1 所示。这个方法属于*强化学习*的范畴。

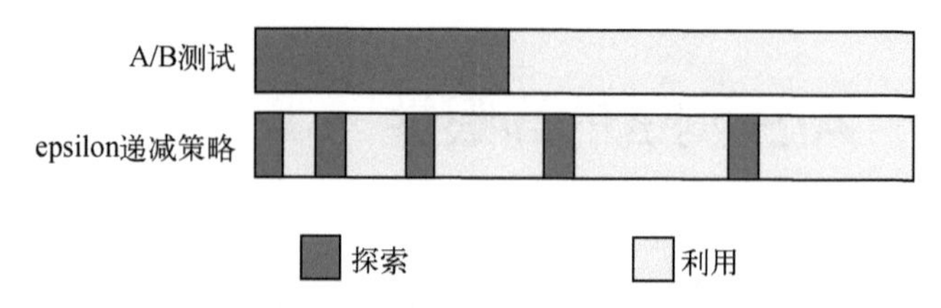

图 12-1 A/B 测试由探索和利用前后两个阶段组成，而在 epsilon 递减策略中，探索阶段和利用阶段是分散的，并且一开始时探索得多一些，越接近尾声探索得越少

12.4 示例：多臂老虎机

老虎机游戏常常被用来说明 A/B 测试和 epsilon 递减策略的区别。假定老虎机的返还率各不相同，玩家的目标就是有策略地选择老虎机下注，以使总的中奖金额最大化。

老虎机有一个绰号叫"独臂强盗"，这是因为它似乎仅凭一条手臂就能把玩家的钱骗走，如图 12-2 所示。面对一排老虎机，采用何种策略才能多赢钱呢？这就是所谓的*多臂老虎机问题*，现在特指资源分配问题，比如决定投放哪个广告、考试前复习哪些内容、资助哪项药物研究，等等。

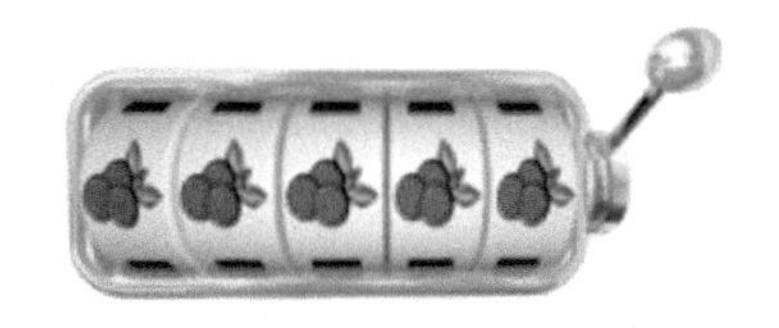

图 12-2　老虎机

假设有两台老虎机 A 和 B 可供选择（如表 12-1 所示），并且我们的钱足够玩 2000 个回合。每个回合要么赢 1 美元，要么没有收益。

表 12-1　两台老虎机的返还率

老虎机	返还率
A	50%
B	40%

老虎机 A 的返还率为 50%，老虎机 B 的则为 40%。但是，我们事先并不知道这些信息。那么问题就来了：要怎么玩才能多赢钱呢？

几种策略对比如下。

- **全探索**：如果随机选择老虎机，平均会赢 900 美元。

- **A/B 测试**：如果采用 A/B 测试方法，用前 200 个回合探索哪台老虎机的返还率更高，然后在剩下的 1800 个回合中选择这台老虎机，那么平均会赢 976 美元。但是这样做有个问题：由于两台老虎机的返还率接近，因此存在误判的可能性（误判概率是 8%）。

  为了降低误判的风险，可以把探索范围扩大到 500 个回合。这样做可以把误判概率降到 1%，但是平均中奖金额也会减少到 963 美元。

- **epsilon 递减策略**：如果采用 epsilon 递减策略边探索边利用，那么平均会赢 984 美元，并且误判概率为 4%。通过增加探索比例（即增加 epsilon 值），能够降低误判概率，但仍会减少平均中奖金额。
- **全利用**：如果一开始就掌握内部消息并选择返还率更高的老虎机 A，那么平均会赢 1000 美元。但是，这个假设不太现实。

从图 12-3 可以清楚地看到，在不掌握内部消息的情况下，采用 epsilon 递减策略的收益最高。而且，由于存在收敛性这一数学特征，因此 epsilon 递减策略能确保在回合数足够多的情况下找出返还率更高的老虎机。

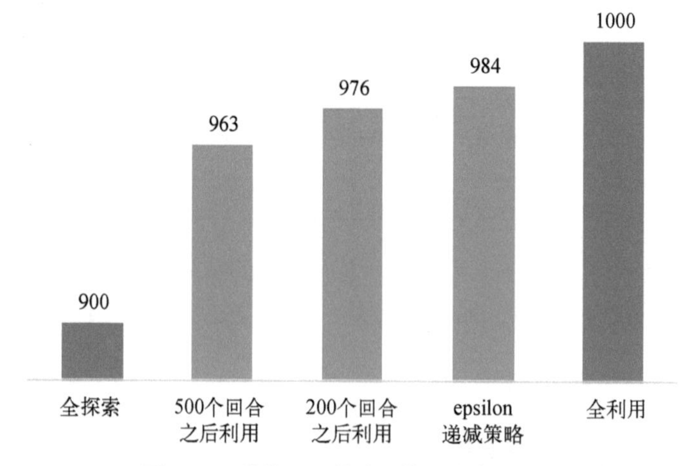

图 12-3 比较不同策略下的平均中奖金额

12.5 胜者为先

多臂老虎机问题在体育运动中有一个有趣的用例。在执教著名的曼彻斯特联足球俱乐部期间，路易斯·范加尔采用了一个非常规策略来决定罚点球的球员。

第一个被指定罚点球的球员会负责到底，除非他没有打进球。接下来，新换的球员继续负责罚点球，如果没有罚进，就再换一名球员，依此类推。这个策略叫作“胜者为先”。

如果在老虎机游戏中运用这个策略（即先任意选一台老虎机，赢了就一直玩，输了就换一台玩），那么平均能赢 909 美元，这只比随机选择老虎机稍好一些。频繁地换老虎机，会导致探索过多而利用过少。而且，“胜者为先”策略只根据上一次结果来评估老虎机，这忽视了老虎机之前的表现。显然，这个策略不太理想。

12.6 epsilon 递减策略的局限性

虽然 epsilon 递减策略的表现很出色，但它本身有一定的局限性，这使它比 A/B 测试更难实施。

采用 epsilon 递减策略的关键在于控制好 epsilon 值。如果 epsilon 值递减得过慢，就会失去利用老虎机的机会；而如果递减得过快，就可能选错老虎机。

epsilon 值的最佳递减速度主要取决于两台老虎机返还率的相似程度。如果像表 12-1 那样高度相似，那么 epsilon 值的递减速度宜缓慢。采用汤普森取样方法，可以计算 epsilon 值。

epsilon 递减策略还依赖于如下假设。

- **返还率恒定不变**。某一则广告可能在早上受欢迎，在晚上则不然；而另一则广告全天的受欢迎程度可能都一般。如果比较这两则广告在早上的受欢迎程度，就会得出不准确的结论。
- **返还率与上一次游戏无关**。广告出现的次数越多，顾客就越有可能点击它。这意味着需要反复探索才能确定真正的返还率。
- **玩游戏和观察返还率之间的延迟极小**。如果广告是通过电子邮件发送的，潜在买家可能几天后才能回应。这让我们无法立即得知真实的探索结果，所有利用行为只能基于不完整的信息进行。

尽管如此，如果两则广告都不符合上述第 2 条或第 3 条假设，那么错误可以相互抵消。比如，如果两则广告都是通过电子邮件发送的，那么都会出现响应延迟的问题，这时做比较仍旧是公平的。

12.7 小结

- 多臂老虎机问题的实质是如何以最佳方式分配资源——是应该探索新的可能性，还是应该利用已有的一切？
- 一种策略是先探索可用选项，然后把所有剩余资源分配给表现最佳的选项。这个策略叫作 A/B 测试。
- 另一种策略是给表现最佳的选项逐渐分配更多的资源。这个策略叫作 epsilon 递减策略。
- 虽然 epsilon 递减策略在大多数情况下能够提供比 A/B 测试更高的回报，但是确定资源分配的最佳更新速度并非易事。

附录A

无监督学习算法概览

		k 均值聚类	主成分分析	关联规则	Louvain方法	PageRank算法
输入	二元值			✓		
	连续值	✓	✓			
	节点与边				✓	✓
输出	分类	✓	✓		✓	
	关联			✓		
	排序					✓

附录B

监督学习算法概览

		回归分析	*k*最近邻算法	支持向量机	决策树	随机森林	神经网络
预测	二元结果	✓	✓	✓	✓	✓	✓
	分类结果		✓		✓	✓	✓
	类别概率	✓	✓		✓	✓	✓
	连续结果	✓	✓		✓	✓	✓
	非线性关系		✓	✓	✓	✓	✓
分析	变量多			✓	✓	✓	✓
	易用	✓	✓		✓	✓	
	计算速度快	✓			✓		
结果	准确度高					✓	✓
	可解释性	✓	✓		✓		

附录C

调节参数列表

	调节参数
回归分析	• 正则化参数（针对套索回归和岭回归）
k最近邻算法	• 最近邻数量
支持向量机	• 软间隔常量 • 核参数 • 不敏感参数
决策树	• 终端节点的最小尺寸 • 终端节点的最大数量 • 最大树深度
随机森林	• 决策树的所有参数 • 决策树数量 • 每次拆分所选的变量数
神经网络	• 隐藏层数量 • 每层神经元数量 • 训练迭代数 • 学习速度 • 初始权重

附录D

更多评价指标

对于如何定义和惩罚不同类型的预测误差，不同的评价指标各不相同。本附录将介绍几个常用的评价指标，作为对 1.4 节的补充。

D.1 分类指标

接受者操作特征曲线下面积常简称为*曲线下面积*。这个指标允许我们在最大化*正例率*和最小化*假正例率*之间做权衡。

- **正例率**指被模型正确预测为正类别的样本所占的比例。

  正例率 = 正例数 / (正例数 + 假负例数)

- **假正例率**指被模型错误预测为正类别的样本所占的比例。

  假正例率 = 假正例数 / (假正例数 + 负例数)

在极端情况下，可以把所有样本全部预测为正类别，以此实现正例率最大化，即正例率为 1。虽然这样做可以避免出现假负例，但会明显增加假正例。换言之，我们必须在最大化正例率和最小化假正例率之间做权衡。

这种权衡可以通过接受者操作特征曲线（也称 ROC 曲线）可视化，如图 D-1 所示。

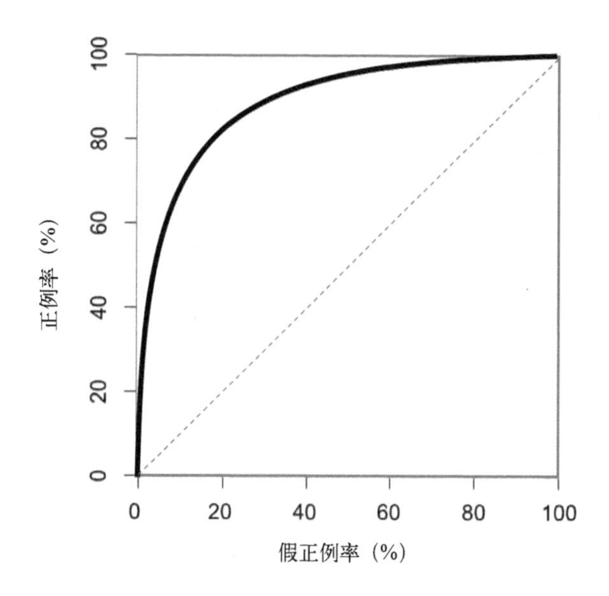

图 D-1 ROC 曲线体现了最大化正例率和最小化假正例率之间的权衡

因为模型性能通过 ROC 曲线下方的面积来衡量，所以该指标被称为曲线下面积。模型的准确度越高，曲线越靠近左上角。完美的预测模型会产生一条曲线下面积为 1 的曲线，即曲线下面积等于整个图形的面积。相比之下，对于一个随机预测模型，其 ROC 曲线可以表示为图 D-1 中的虚线对角线，即曲线下面积为 0.5。

由于最佳预测模型所对应的曲线下面积最大，因此可以借助其 ROC 曲线为正例率和假正例率选择合适的阈值。

借助 ROC 曲线可以选择想避免的误差类型。不过，还可以使用对数损失指标惩罚所有预测误差。

对二值变量和分类变量的预测通常以概率表示，比如顾客买鱼的概率。概率越接近 100%，模型就越相信顾客会买鱼。**对数损失**指标利用这个置信度来校正其对预测误差的惩罚。具体来说，模型对错误预测的置信度越高，惩罚就越重。

在图 D-2 中，随着对错误预测的置信度接近最大值，惩罚程度陡升。举例来说，如果模型预测顾客买鱼的概率为 80%，但这最终证明是错的，那么就会被惩罚 0.7 分。然而，如果模型错误预测顾客买鱼的概率是 99%，那么惩罚分数将高达 2 分。

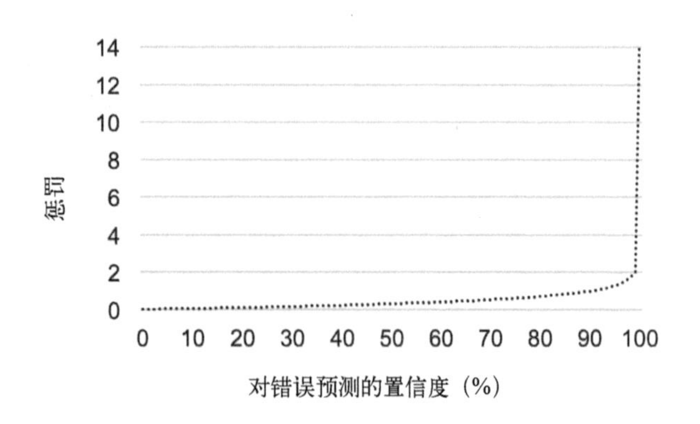

图 D-2 随着模型对错误预测的置信度升高，惩罚也加重

由于对数损失指标根据对预测结果的置信度来调整惩罚程度，因此它通常用于错误预测极其有害的情况。

D.2 回归指标

评价回归模型的一个简单方法是平等地惩罚所有预测误差，具体做法是对所有数据点的预测值和实际值之差取平均值。这个指标被称为**平均绝对误差**。

1.4.2 节介绍了均方根误差这个指标，它可以加大对大误差的惩罚力度。除了考虑误差大小之外，还可以通过**均方根对数误差**把误差方向纳入考虑范围。以预测雨天顾客对雨伞的需求量为例，如果相比于高估，我们更希望避免低估，就可以使用这个指标。低估会引起顾客不满，进而造成收入损失，高估则只需增加库存。

术 语 表

A/B 测试（A/B testing）：用于比较产品 A 和产品 B 的收益。A/B 测试包含两个阶段：首先是探索阶段，即以相同的比例测试两款产品，从中找出表现更好的产品；然后是利用阶段，即向更好的产品投入所有资源，以期实现利润最大化。进行 A/B 测试的关键是在探索阶段和利用阶段之间取得平衡。

epsilon 递减策略（epsilon-decreasing strategy）：这种强化学习技术用于分配资源，它包括两个彼此交叉的阶段：探索阶段和利用阶段。epsilon 指探索时间与总时间的比例，随着最佳方案的相关信息越来越多，epsilon 值逐渐减小。

***k* 均值聚类**（k-means clustering）：这种无监督学习技术用于把相似的数据点划入同一个群组，其中 *k* 指群组数量。

***k* 最近邻**（k-Nearest Neighbors）：这种监督学习技术根据某个数据点周围距离最近的数据点的类型对该数据点进行分类，其中 *k* 是用作参考的数据点的个数。

Louvain 方法（Louvain method）：这种无监督学习方法用于找出网络中的群组，其采用的方式是将群组内部的相互作用最大化，同时把群组之间的相互作用最小化。

PageRank 算法（PageRank algorithm）：用于找出网络中占主导地位的节点。它基于节点的链接数以及链接的强度和来源对节点进行排序。

变量（variable）：用于描述数据点。变量又叫属性、特征或维度，包括如下几类。

- **二值变量**（binary variable）：最简单的变量类型，它只有两个可选值（比如性别）。
- **分类变量**（categorical variable）：这种变量可以用来表示有两个以上选择的情况（比如种族）。
- **整型变量**（integer variable）：这种变量用来表示整数（比如年龄）。
- **连续变量**（continuous variable）：这种变量最为精细，用来表示小数（比如价格）。

标准化（standardization）：用于把所有变量统一到一个标准尺度上，类似于使用百分位数表示每个变量。

参数调优（parameter tuning）：这是一个调整算法设置的过程，目标是提高模型的预测准确度，就像调节收音机的频道一样。

测试集（test dataset）：用于评估预测模型的准确度和泛化能力。先用训练集生成模型，而后用测试集来测试模型。

递归拆分（recursive partitioning）：指反复拆分数据样本以得到同质组。决策树的生成过程就涉及递归拆分。

丢弃（dropout）：用于防止神经网络模型出现过拟合问题。每次训练期间，随机丢弃一些神经元，以此迫使不同的神经元协同工作，以揭示训练样本的更多特征。

陡坡图（scree plot）：用于确定合适的群组数量。陡坡图有着广泛的应用，从聚类到降维都能看到它的身影。最佳群组数量通常出现在陡坡图曲线的拐弯处。如果允许有更多的群组，可能会导致模型的泛化能力下降。

多臂老虎机问题（multi-arm bandit problem）：指资源分配问题，比如选择哪台老虎机下注。多臂老虎机这个名字源于老虎机的绰号“独臂强盗”。之所以有这样一个绰号，是因为老虎机似乎仅凭一条手臂（拉杆）就能骗走玩家的钱。

多重共线性（multicollinearity）：这是回归分析中的一个问题。如果回归模型包含高度相关的预测变量，那么这些变量的权重会失真。

二次取样（subsampling）：用于防止神经网络模型出现过拟合问题，具体做法是通过取平均值对输入的训练数据进行“平滑化”处理。比如，可以通过二次取样缩小图像尺寸或降低颜色对比度。

反向传播（backpropagation）：指在神经网络中给出有关预测是否准确的反馈。预测错误会沿着路径反向传播，这条路径上的神经元会重新调整其激活条件，以减少错误。

分类（classification）：这是对一类监督学习技术的统称，运用这些技术，可以预测二元值和分类值。

关联规则（association rule）：这是一个无监督学习技术，用来揭示数据点之间是如何关联的，比如找出顾客经常同时购买哪些商品。识别关联规则的常用指标有 3 个：

- {X} 的支持度表示 X 项出现的频率；
- {X → Y} 的置信度表示当 X 项出现时 Y 项同时出现的频率；
- {X → Y} 的提升度表示 X 项和 Y 项一同出现的频率，并且考虑每项各自出现的频率。

过拟合（overfitting）：发生过拟合时，预测模型对数据中的随机波动过于敏感，并且将其误以为是持久模式。过拟合模型对当前数据有很高的预测准确度，但是泛化能力不强，即对未知数据的预测效果不佳。

核技巧（kernel trick）：用于把数据点映射到高维空间。在高维空间中，可以使用直线把数据点分开。这些直线容易计算，并且当映射回低维空间时也很容易转换成曲线。

黑盒（black box）：这个术语用来描述不可解释的预测模型。在这样的模型中，不存在可用于推导预测结果的明确公式。

回归分析（regression analysis）：这种监督学习技术用于找出最佳拟合线，使得尽可能多的数据点位于这条线附近。最佳拟合线由带权重的组合预测变量得到。

混淆矩阵（confusion matrix）：用于评价分类预测模型的准确度。除了总体分类准确度之外，混淆矩阵还会给出假正例率和假负例率。

集成方法（ensembling）：用于组合多个预测模型，借以提高预测准确度。集成方法之所以非常有效，是因为正确的预测结果往往彼此强化，错误的预测结果则相互抵消。

激活规则（activation rule）：用于指定激活神经元所必需的输入信号的来源和强度。神经元的激活状态在神经网络中传播，最后产生预测结果。

监督学习（supervised learning）：这是对一类机器学习算法的统称。之所以把这些算法称为监督学习算法，是因为它们的预测都基于数据中已有的模式。

降维（dimension reduction）：指减少变量的个数，比如通过组合高度相关的变量来实现。

交叉验证（cross-validation）：这个方法通过把数据集划分成若干组来对模型进行反复测试，从而最大限度地利用可用的数据。在单次迭代中，除了某一组之外，其他各组都被用来训练预测模型，而后使用留下的那组测试模型。这个过程会重复进行，直到每一组都测试过模型，并且只测试过一次。模型的最终预测准确度取所有迭代评估结果的平均值。

决策树（decision tree）：这种监督学习技术通过一系列二元选择题来拆分数据样本，以获得同质组。虽然决策树容易理解和可视化，但也容易出现过拟合问题。

均方根误差（root mean squared error）：这个指标用来评价回归预测的准确度，尤其可用于避免较大的误差。因为每个误差都要取平方，所以大误差会被放大，这使得该指标对异常值极其敏感。

平移不变性（translational invariance）：这是卷积神经网络的一个特性，指的是图像特征的位置并不影响神经网络对这些特征的识别。

欠拟合（underfitting）：发生欠拟合时，预测模型过于迟钝，以至于忽略了数据中的基本模式。欠拟合模型很可能忽视数据中的重要趋势，这会导致预测模型对当前数据和未知数据的预测准确度较差。

强化学习（reinforcement learning）：这是对一类机器学习算法的统称，指使用数据中的模式做预测，并根据越来越多的反馈结果不断改进。

神经网络（neural network）：这种监督学习技术使用神经元层来进行学习和预测。虽然神经网络的预测准确度很高，但其复杂性使得大部分预测结果难以解释。

随机森林（random forest）：这种监督学习技术通过随机选择不同的二元选择题来生成多棵决策树，然后综合这些决策树的预测结果。

特征工程（feature engineering）：指创造性地产生新变量的过程，比如通过重新编码生成一个变量，或组合多个变量。

梯度提升（gradient boosting）：这种监督学习技术用于生成多棵决策树。与随机森林不同，梯度提升通过有策略地选择不同的二元选择题来生成每个分支，从而逐步提高决策树的预测准确度。然后，为每棵树的预测结果赋予一定的权重（决策树越靠后，权重越大），并组合所有结果，从而产生最终的预测结果。

梯度下降（gradient descent）：这种方法用于调整模型参数。它先为一组参数值估计初始值，而后通过一个迭代过程，把这些估计值应用于每个数据点做预测，然后调整估计值，以减少整体预测误差。

无监督学习（unsupervised learning）：这是对一类机器学习算法的统称，这些算法用于发现数据中的隐藏模式。之所以把这些算法称为无监督学习算法，是因为我们并不知道要找的模式是什么，而是要依靠算法来发现。

先验原则（apriori principle）：如果某个项集出现得不频繁，那么包含它的任何更大的项集必定也出现得不频繁。先验原则有助于减少需要考虑的项集组合的个数。

相关系数（correlation coefficient）：用于衡量两个变量之间的线性关系。相关系数的取值范围是 –1 到 1，它提供了两部分信息。

- 关联强度：当相关系数为 –1 或 1 时，关系最强；当相关系数为 0 时，关系最弱。
- 关联方向：当两个变量同向变化时，相关系数为正，否则为负。

训练集（training dataset）：用于生成预测模型。模型生成之后，再用测试集评估模型的预测准确度。

验证（validation）：指评估模型对新数据的预测准确度。具体做法是把当前的数据集划分成两部分：一部分是训练集，用来生成和调整预测模型；另一部分是测试集，用来充当新数据并评估模型的预测准确度。

正则化（regularization）：用于防止预测模型出现过拟合问题，具体做法是引入惩罚参数，通过人为增大预测误差对模型复杂度的增加进行惩罚。这使得我们在优化模型参数时需要同时考虑复杂度和准确度。

支持向量机（support vector machine）：这种监督学习技术用于把数据点分为两组，具体做法是在两组的外围数据点（也叫支持向量）的中间画一条分界线。它使用核技巧来高效地求得带凸弧的决策边界。

主成分分析（principal component analysis）：这种无监督学习技术把数据中富含信息的变量组合成新变量，以此减少要分析的变量个数。

新变量被称为主成分。

自助聚集法（bootstrap aggregating）：用于生成数千棵彼此不相关的决策树，它们共同产生预测结果，从而避免出现过拟合问题。每棵树由训练数据的一个随机子集生成，并且每次拆分时都选用预测变量的一个随机子集。

最佳拟合线（best-fit line）：回归分析常用的趋势线，它使绝大部分数据点都位于其附近。

关于作者

黄莉婷（**Annalyn Ng**）毕业于美国密歇根大学安娜堡分校，曾在校担任统计学本科导师。之后，她进入英国剑桥大学心理测量中心学习，并取得硕士学位。期间，她为精准广告营销挖掘社交媒体数据，还编写了在招聘过程中使用的认知测试。后来，她受邀加入迪士尼研究中心的行为科学团队，主要研究客户心理画像。

苏川集（**Kenneth Soo**）毕业于美国斯坦福大学，并取得统计学硕士学位。此前，他在英国华威大学学习 MORSE[①]，不仅名列前茅，还是运筹学和管理科学组的助理研究员，从事网络随机故障下应用程序的双目标稳健优化研究。

① MORSE 的全称是 Mathematics, Operational Research, Statistics and Economics，即数学、运筹学、统计学和经济学。——编者注

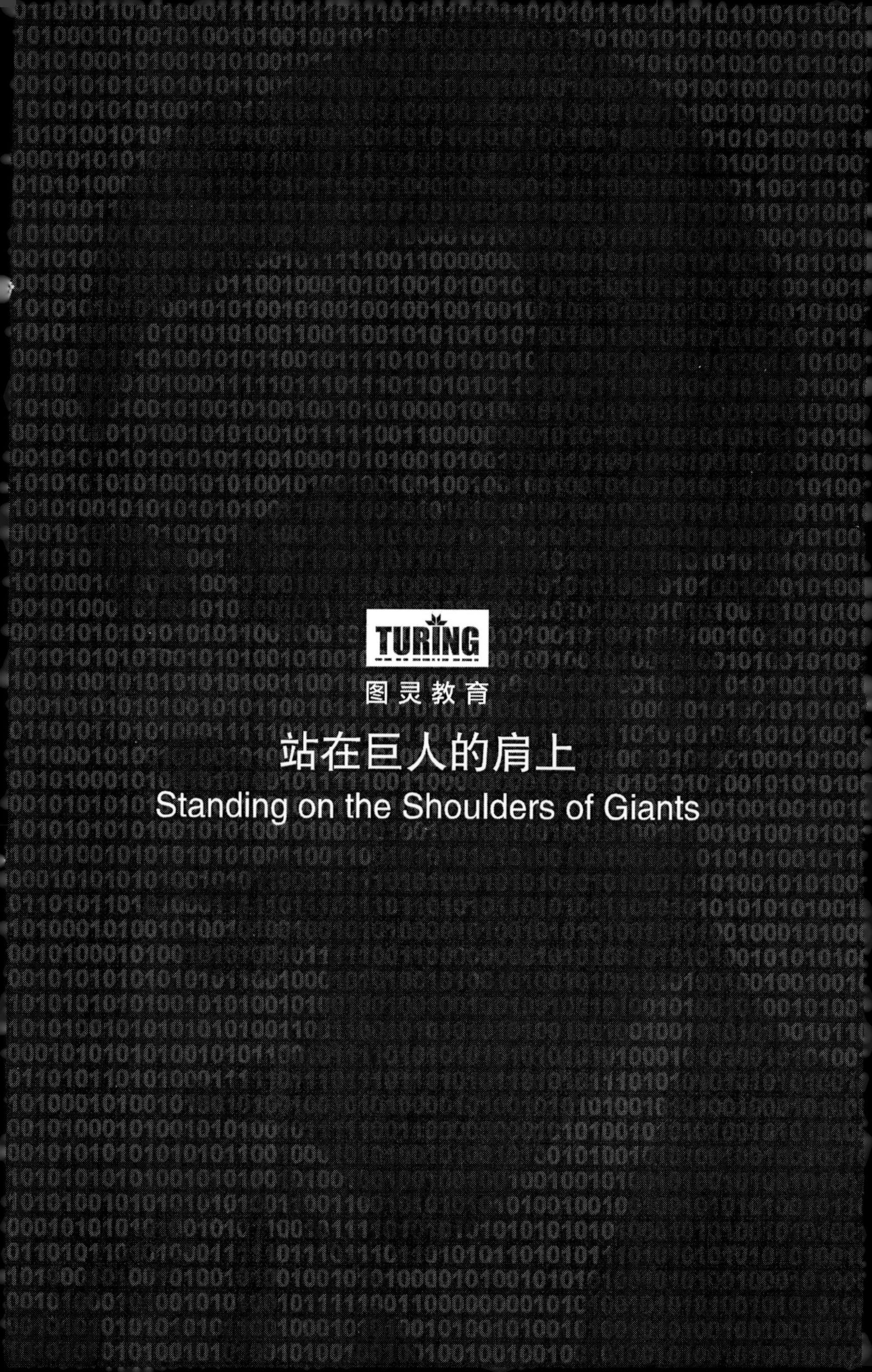
TURING
图灵教育
站在巨人的肩上
Standing on the Shoulders of Giants

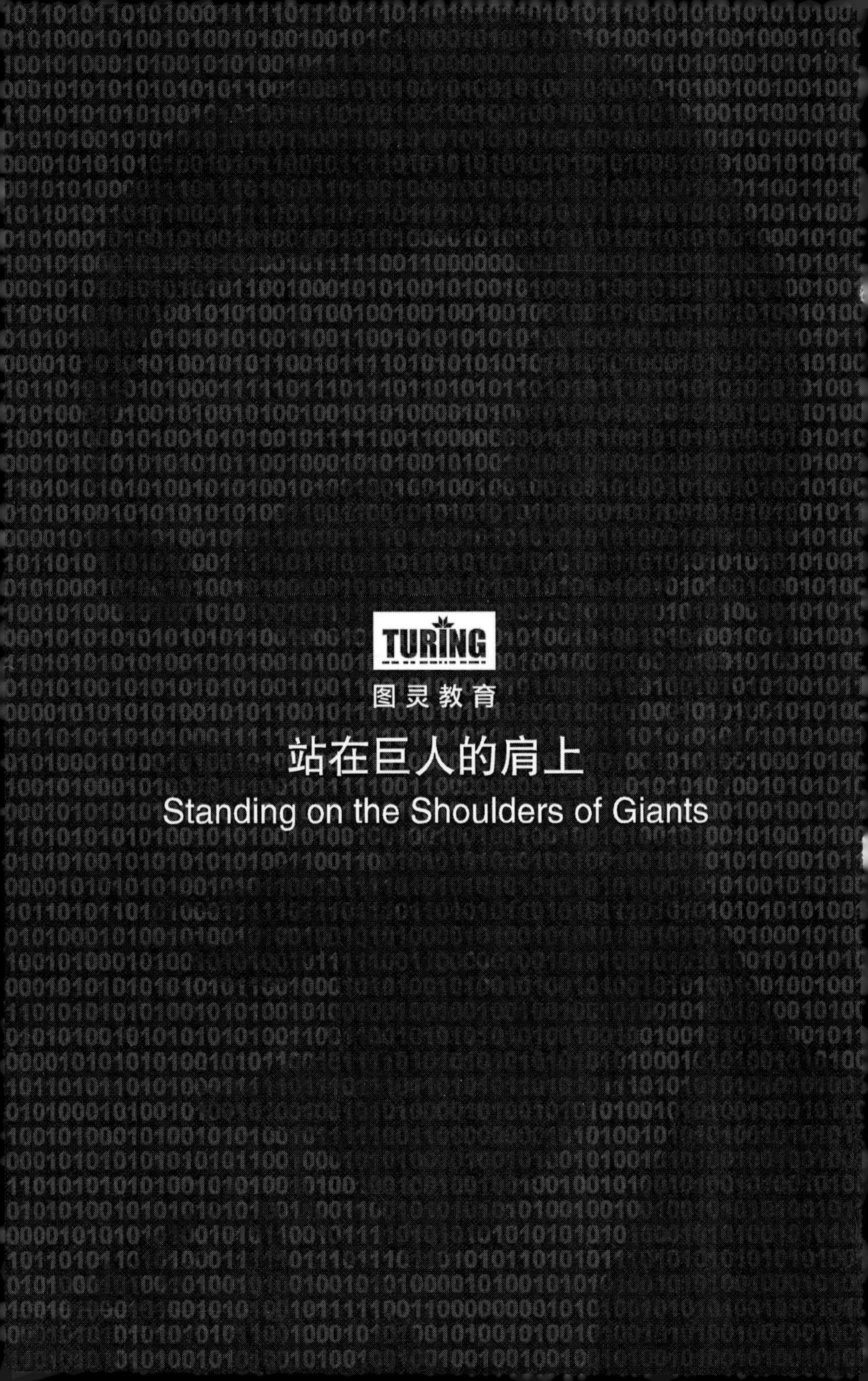
TURING
图灵教育
站在巨人的肩上
Standing on the Shoulders of Giants